U0505870

猴 面 包 树

용 서 하 지

김태경

않 을

不宽恕的权利

[韩] 金泰京　著　　李桂花　译

권 리

上海三联书店

目 录

第二章

总以为别人的痛我都懂

第三章

小小的尊重与关怀 大大的力量与改变

第四章
宽恕不能结束一切

第五章
还值得活下去的信念

第六章
理解伤痕累累的孩子

前言

"鬼！在那边！"

孩子指着角落，在我耳边小声地说着，眼睛里闪烁着惊恐。内心的恐惧与不安以鬼怪的形象被呈现在这个4岁孩子的脑海里。我和孩子制定了一套周密的"捉鬼"方案，击退了可怕的"鬼怪"。之后，每当险情逼近，"鬼怪"再次出现时，我们总能联手打败它，有惊无险。几个月后，孩子的虚幻场景里陆续多出了警察、消防员、军人等强悍的捍卫者角色，这些捍卫者将我们从各种险境中成功解救出来。又过了一段时间，孩子以拯救者的角色出现在"捉鬼"的场景中。几周后，孩子的焦虑和恐惧症状明显好转，我们的游戏治疗完美结束。

这个孩子是我的第一个来访者。那时我刚正式上岗，在一家受害者心理援助机构工作。经过游戏治疗逐渐恢复后，孩子起初还与我有断断续续的联系，后来就杳无音信了。但我深信，在这个世界的某个角落，长大后的他已经是个有担当、有格局的男子汉，尽全力努力散发着自己的光芒。因为我曾目睹这个弱不禁风的小孩是如何用自己的方式克服犯罪带来的心理阴影，一步一步走出去并站起来的。

人们对创伤事件的记忆是刻骨铭心的。因为曾经经历过强烈的生命威胁，所以我们的大脑会牢牢记住当时的感觉。虽然无法删除，但我们依然能对这部分记忆加以管理，以避免其影响我们当下的正常生活。如果顺利，我们甚至能将创伤事件与当下的生活结合在一起，从而令我们的心智更加成熟、强健。一个人在经历着创伤事件的同时，意味着他正在本能地踏上恢复的旅程。创伤事件留下的后遗症，是受害者试图对创伤事件进行深入理解所做的挣扎，也是受害者开始踏上恢复旅程的证明，只是恢复的方式和速度会因人而异。

犯罪和人为伤害带来的心理创伤，远比自然灾难或交通事故带来的心理创伤更具杀伤力。前者意味着受害者的信任体系彻底被摧毁，很难再建立起安全感。不仅如此，在事发后的办案过程中，受害者还会以证人的身份被相关人员反复询问，经历各种不适，其待遇与有律师庇护且有种种权益保障的罪犯形成鲜明对比。

除此之外，形形色色的人会出于各种动机，以各种方式要求受害者重复回忆整个受害过程。受害者一旦保持沉默，就会被人们质疑是不是有所隐瞒；一旦说错话，就会被人们当作把柄以质疑其陈述内容的真实性。还有些人，他们会打着安慰和支持的幌子对受害者施压，让受害者宽容以待，美其名曰可恨的是罪行本身而非犯罪的人。这些行为和说辞不仅令受害者本该拥有的不宽恕的权利被恶意侵犯，也阻碍了受害者踏上恢复旅程。

　　尽管如此，有一点可以确信的是，受害者会以自己的方式和速度踏上恢复旅程。在多年的受害者援助工作中，我不但切身感受到罪犯留给受害者的触目惊心的创伤，也目睹了受害者为摆脱心理阴影所做出的不懈努力。从中我感受到人类的自愈能力无比强大，而这种强大的自愈能力很大程度上源于边界感、克制的关注以及正确的支持。这里有两个关键：一是"合理性"，二是"正确性"。不当的关注和不必要的支持都有可能成为画蛇添足的危险因子，阻碍受害者顺利摆脱心理阴影。

　　这也是促使我决定写这本书的原因。这本书旨在帮助犯罪受害者身边的人更加深入地理解受害者在案发后所经历的身心痛苦，进而指出我们应如何帮助受害者早日摆脱阴影。为此，结合多年工作经验，我在书中列举了这些年我目睹的具有特殊性的犯罪事件、折磨受害者身心的误解和偏见、案件调查和审理过程中受害者要承受的种种负担、罪犯给受害者及其身边人乃至整个社会所带来的伤痛，以及我们应如何帮助受害者尽快摆脱阴影，恢复正常生活。最后，我还列举了受害者中的特殊群体——儿童受害者的特征，以及我们在帮助这一特殊群体时要注意哪些细节。

　　以前，我既不赞成人性本善也不接受人性本恶之说。

我觉得人出生时就是一张白纸，后天受到怎样的教育决定了他成为什么样的人。但随着受害者援助工作经历的增加，当目睹受害者的身边人对他们细致入微的呵护时，我深深地被打动了。我清醒地意识到，人们内心深处存有极大的善意，充满了温度，更充满了力量。我开始相信人的善意，包括此刻正在阅读这本书的每一位读者。是大地一般温热的心，促使你们乐于安静地聆听受害者的呻吟与泣诉。向每一颗向善的心致敬！

我决定写这样一本书，经历了几个月的内心挣扎。我很怕我的某些文字会在无意中冒犯了受害者，激化了人们对受害者的误解和偏见；我也很怕因此而令受害者的伤痛加剧，这是我最畏惧和担忧的。在写这本书的过程中，为了让读者加深理解而不得不引用一些案例时，我也会倍加小心，改了又改，生怕伤害到受害者。为保护受害者的隐私，我对一些案例进行了改写和拼合，并且尽量以已经在媒体曝光过的案例作为素材（尤其是在一些访谈节目拍摄前期的咨询过程中已征得受害者同意的案例）。但我想再次郑重声明，书中所写的案例虽然不是某个具体受害者的个案，但由于这些案例具有普遍性，因此难免会让一些人对号入座。顾虑重重不应该成为妨碍人们做出正确选择的因素，必须有人为受害者构筑起保护框架，因此我成了第一个吃螃蟹的人之一。我的初衷只有一个——希望这本书能抛砖引玉，被善良的眼睛发现，让这个世界多一个友善而智慧的"身边人"，在受害者绝望的天空里点亮一盏小小的橘灯。

这本书受到了太多人的援助和支持。我要感谢我的爱人，以及又石大学经营学院在读生金铉美老师。他们不仅认真审读了我的初稿，直言不讳地指出书中存在的不足，还提出了宝贵意见。我还要感谢Whalebooks的金孝丹（音译）编辑给予我的始终如一的鼓励和专业建议。此外，首尔东部微笑中心的同事们给了我无私的鼓励和支持。在此，我对他们致以最衷心的感谢。

这一刻，依然有受害者抱着内心的伤痛生活在水深火热之中。他们不屈服于命运带来的阴影，勇敢面对每一天，为夺回人生的主宰权孤军奋战着。谨以此书，献给永不言弃的受害者。

2022年2月

暮冬　金泰京

第一章

犯罪阴影下
被遗忘的人

一想到案件我就透不过气来，感觉有什么东西压着心脏。为搜寻妹妹，我们把草丛、水沟翻了个遍。那里散发的阵阵恶臭一直浮现在脑海里，我永远都无法忘记，就像永远没有结局的电影一样。在那部电影里，我依然为寻找妹妹的尸体翻着每片草丛……

——摘自凶杀案遗属的陈述

发生重大案件时，受害者只是作为调查和了解案件细节的工具，被工作人员反复询问。至于他们承受了什么，不会有谁去深入理解，也不会有谁去同情他们。对受害者来说，案情越残忍，得到的呵护应该越悉心才对，但他们往往淹没在阴影里，很快被人们遗忘。世界可以很快忘掉他们，但受害者却无法那么洒脱。他们迟迟无法摆脱阴影，数月、数年甚至一生都活在令人窒息的阴影当中。

2017年3月29日，一个青少年将一名小学生诱拐到家中残忍杀害并毁尸灭迹，甚至将一部分尸体作为礼物送给了朋友。案件曝光后，震惊整个韩国，"罪犯是不是变态杀人狂"成了人们议论的焦点。受害者的母亲出席电视台采访节目，撕心裂肺地哭诉着悲愤之情。可是，这位母亲的丧子之痛和绝望感，只是被消耗在人们对是否要加重未成年罪犯惩罚力度的韩国《少年法》修订议案的讨论上。之后，韩国陆续发生过多起令韩国民众震惊和愤慨的残忍的杀人案、集体施暴案、虐童杀人案、纵火案等，但无论媒体还是大众，他们对受害者的态度并没有任何改变。

我是一名临床心理学家，也是犯罪心理学家，有人称我为临床－法医心理学家。在我与世界的相处方式以及证明自我价值的诸多方式中，最有意义的就是我能参与到对受害者的救助工作中，尽我的微薄之力，帮助他们摆脱阴影、告别过去，专注于当下的生活。

作为一名心理咨询师，我想与大家分享我这些年在心理援助工作中的所见所闻。我之所以决定这样做，是为了唤起更多人的善意，去思考和探索作为社会一员的我们应当做些什么，才能为受害者撑起一把让他们安心的保护伞。[1]

假如今天失去了最爱的那个人

时间好像一直停留在案发那一天。尽管过了这么久，但是每当想起那个时刻，我都会陷入恐惧和不安中，想要拼命忘记却忘不掉。头明明是朝向前方的，但我的心却一直在倒退，留在那天、那个地方，迟迟不肯跟随过来。

——摘自凶杀案遗属的陈述

创伤的悲哀

一起凶杀案至少会有一名到六七名不等的"幸存者"。[2]亲人突然被害如同晴天霹雳一般使原本和睦的家庭遭到沉重的打击。因此，遗属一般也被称为"凶杀案幸存者"。[3]对自然死亡的亲人和凶杀案中遇害的亲人，家属的哀悼方式截然不同，承受的压力也不可等尔视之。

自然死亡大多是在可预见范围内发生的。当失去亲人时，家属起初无法接受事实，愤怒挣扎、失魂落魄，进入脱敏阶段；之后进入对已故亲人的缅怀阶段；然后逐渐接受亲人已故的事实，重陷绝望，找不到活下去的意义，进入万念俱灰、解离、自暴自弃的阶段；最后是依然悲痛但绝望感相对减弱，重新拾回对已故亲人的美好回忆，进入记忆重组、恢复阶段。[4]

而凶杀案件导致亲人死亡，家属的创伤性哀伤(traumatic grief)则通常伴随着强烈的恐惧、愤恨、复仇欲、信念与价值体系的瓦解、自我封闭和封锁、非难与指责、过度的罪恶意识、自杀冲动等。[5]

从凶杀案受害者遗属的诉说中我们可以看出，夫妻中的一方自然死亡和被罪犯杀害，另一方是怎样不同的感受：

如果是生病治不好去世的，我也不至于这样悲痛。如果他生病，伺候病人会让我身心疲惫。他离世了，我可能会觉得是天命已到，不会有太多眷恋和不舍。在面对死亡时，我会有心理准备，也可以慢慢收心，有个渐进的了断过程……但是因为被害而一朝失去亲人，那就让人很崩溃，总会有着万般不舍和留恋……虽然那个人已经离开了，但我总觉得这不该是他应有的命，很不甘心，也很气愤。遭遇这件事情后，我才明白：对待死亡，我们也需要有心理准备。

——摘自凶杀案遗属的陈述

特别是尸体渺然、案情不明确时，遗属所受的打击更沉痛。[6]在找不到尸体，或者因为不得已的情况无法去辨认尸体时，遗属就更难接受亲人被害的事实，会在相当长的时间内无法面对亲人已逝的事实，常常会陷入某一天亲人会突然活着出现在眼前的错觉中。[7]从这个方面看，让家属辨认尸体，可以打消他们对亲人依然健在的不切实际的奢望，帮助他们尽快认清并接受现实。在杀人案件中，确保遗属拥有明确的认知很关键。只有眼见为实，遗属才能心甘情愿地送走至亲。[8]

否认事实的确是哀悼亲人的一种方式，但否认的时间越久，遗属恢复得就越慢。一个女孩在被强奸后的逃生途中跳楼自尽，为了减轻失去女儿的痛苦，她的父母拼命工作，特意把工作量增加了两倍，用身体的劳累来淡化失去女儿的精神痛苦，试图否认事实。但只要是下雨天，他们就抑制不住地感到悲愤和绝望，瘫坐在湿漉漉的地上恸哭。在无理由杀人案件中失去子女的母亲，事后表现得非常淡定，好像这一切都已过去，但只要稍微受到刺激，她就会浑身发抖，常年深受煎熬，去医院检查也查不出具体原因。

因此，在给心理创伤患者治疗时，一旦他们过分否定亲人已故的事实，我就会果断而不失同情地明确指出，"已死去的亲人不可能再活着回来"，试图让对方接受这一事实。这对经验丰富的心理咨询专家来说，同样是个巨大的考验，常常需要在理性的自我和无法抑制同情心的自我之间久久挣扎。只有接受现实，才能真正开始哀悼，重新站起来，重获生活的勇气。这是必经之路。

亲人遇害后，几乎所有遗属都急切地想去了解受害者遇害时经历了何种痛苦，以及整个杀人事件的起始与结束过程，这是一种强迫心理。很多遗属会根据从办案机关获取的信息，并结合自己收集的信息，推理出案发当时的场景、气味、声响、触感等，身临其境般地去感受。重构的记忆犹如一部电影，在遗属的大脑中反复出现，与意志无关，吞噬着遗属的坚强、信任、希望、健全的人际关系和快乐。[9]

有些遗属会因为至亲已故但自己却还活着而萌生出负罪感，同时还要与突然到来的死亡所引发的本能的恐惧感作斗争，承受着双重折磨。平淡的日子突然被破坏，地狱般的恐怖经历让一切"错位"，使其无法与正常的思维模式相融合，时不时将他们的日常生活搞得一塌糊涂。还有一些遗属会对罪犯家属心生怜悯，尽管这种情况很少见，但确实存在。这很可能是因为他们感受到留在自己身上的烙印，想着罪犯家属可能留下了同样的烙印，感同身受，进而产生怜悯之情。

曾经的宗教信徒这时会对神灵充满愤怒和怀疑，无法继续从事宗教活动；或走向另一个极端，过度沉迷于宗教活动中，试图以此来否认失去亲人的事实。而曾经的无神论者，则会在遭遇沉重打击后开始进行宗教活动，或不信仰特定的宗教，以自己的方式寻找心灵寄托。宗教确实对哀悼有着一定的作用，但它唯有在遗属主动做出选择时，才会产生积极的作用。如果是迫于他人的劝说而不情愿地进行心灵寄托活动，不但会引发遗属对神灵的愤怒和怨恨，甚至会适得其反。心理创伤治疗的核心原则在于"帮助受害者主动做出选择"。再好的理论和技法，倘若当事人没有做好心理准备，都会变成毒药。这个道理不仅仅适用于宗教信仰取舍问题。

拒绝恢复

大部分遗属对"恢复"都有负罪感和痛苦感。

一位孩子不幸遇害的母亲常常问我："老师，您看我现在算是在好转吗？"当我的答案是否定时，她就会觉得"那还算万幸，不过一直这样下去的话，简直生不如死，不知道什么时候是个头儿"。而当我的答案是肯定的——"是的（在好起来）"时，她会斩钉截铁地否认："怎么可能！那我还算是个妈妈吗？不过我好像真的是个很坏的妈妈。孩子没了，我还能睡得着觉、吃得下饭，还能这样一天天活着……"

一位先生，弟弟被杀后，他一直觉得是自己没有保护好弟弟才导致弟弟遇害。他觉得自己承受痛苦是天经地义的，于是拒绝心理治疗，觉得任何救助都是奢侈的。

一位家属因为楼里有噪声与邻居发生矛盾，在争斗中失去了两个儿子。在接受心理辅导的过程中，过度悲伤令他无法呼吸，需要咨询师小心帮他拍拍后背、按按胳膊、腿才能缓解，并且会反复发作。遗憾的是，这位家属只坚持了三个月就断了联系，不再来接受治疗了。他声称自己一个人为了活命而这样折腾，未免太自私了。

虽然存在个体差异，并且与遗属和逝者生前的亲密程度有关，但在多年的工作中我发现，当亲人因为被杀离世时，遗属往往需要至少一年才能接受这一现实。当逝者是孩子且没有发现遗体，或遗体遭到严重破坏时，这个接受过程会更长。至于遗属从认知上接受这一现实并开始哀悼，这个过程更为漫长，通常至少需要三年。

"都说老年丧子是在心上堆一座坟，但像我们这种孩子被杀的父母，连在心头堆个坟都不可能。"曾有一位遗属这样说。开始哀悼意味着遗属可以勉强面对现实，艰难地维持当下的生活，但这并不意味着他们已经完全从失去亲人的阴影中脱离出来。就算是经过再久的时间，每当遇到逝者生日或祭日，他们依然会猝不及防地心痛，那些本以为远去的记忆会再次不请自来，打乱他们的正常生活。因此，我在为遗属提供心理援助时，通常将目标定为"让伤痛与生活共存"，而不是天真地以"消除痛苦"为目标。从现状来看，能够与伤痛共存是最好的选择。

时间是摆脱心理阴影的无可替代的良药。遗憾的是，在遗属的世界里，时钟走得比正常的时针慢许多。对遗属来说，他们无法做到让过去很快成为过去；相比于他们，曾经前来一起追悼和痛哭过的人们，回去后大多能很快恢复日常工作和生活。这在情理之中，也很正常，并且这些人必须尽快恢复正常，才能为遗属提供更好的、更理性的帮助，成为他们的精神支柱。从这一点来看，旁人尽快回归日常是正常的，也是有益的。只是他们在回归日常的同时，对遗属的那份怜悯和同情也一并减退或消失了。

随着时间一天天流逝，旁人开始觉得遗属过分陷入悲伤，一直走不出来，恢复过程过于漫长，悲痛也显得过于沉重。他们会觉得是时候让遗属面对现实，从痛苦中走出来了。于是，他们会催促失去孩子的夫妻赶紧再生个孩子，劝说痛失妻子的男人趁年轻另寻佳人。因此，在心理治疗过程中，为遗属身边的其他成员以及为遗属提供心灵依托的重要成员提供相关信息、进行心理培训也尤为必要。

十年前，我曾受邀参加过一位遗属的家庭郊游。这样的场合让我如坐针毡，惶恐不安。他们失去了至亲，内心一定像深秋的湖水一样，冰冷又凄凉。我不知道在他们面前我是该若无其事地正常说笑，还是该陪着他们沉默和难过，更不确定我的小心翼翼、察言观色会不会反而让他们感到不自在，或者说我应该大大方方先开口，打破这种沉重的氛围。正当我尴尬和不知所措时，受害者的妻子猛地举起手大声问道："老师，像今天这样的日子，我们可以笑吗？""啊……当然可以了。"听到我的肯定回答后，对方说出了下面这番话：

"丈夫遇害已经是三年前的事情了。这三年中，我常常觉得他会突然推门进来，我常常会从噩梦中惊醒。奇怪的是，明明现在依然难过和悲伤，但我最近发现我竟然有时候在笑。更让我始料未及的是，这时在背后对我指指点点的不是别人，恰恰是当初鼓励我要振作起来笑对人生的那群人。'赶紧从痛苦中走出来吧，人死不能复生，活着的人还得继续活下去啊。''你也别一直这样难过下去了，该重新快乐面对生活了。'当初的善意相劝，怎么就变成了如今的恶语相向呢？说什么死了丈夫一身轻松，总算解脱了，才会没心没肺地笑出来……我现在再也不想撞见熟人，不想结识新朋友，省得招来不必要的误会，在新环境也绝口不提自己是受害者的家属。丧夫之痛让人生不如死，但活着的人难道连笑的权利都被剥夺了吗？这地狱般的日子什么时候是个头啊……"

很多遗属在咨询时问我："接受心理治疗就能摆脱内心的阴影吗？"

很抱歉，我不得不说，心理阴影是与生死关联的记忆，不可能彻底摆脱。不过，我们可以努力冲淡那些阴影，不让它成为当下生活的羁绊和障碍，这正是心理治疗的作用和使命。因此，我会回答：

"我无法让您彻底摆脱阴影，但在生活中，每当您因为心理阴影而承受痛苦时，我会一直在您身边提供帮助。"

这世界可以拍出《杀人回忆》，让凶犯去回忆案情，但不能让遗属去回忆凶杀案的过程。对他们来说，恢复并不意味着遗忘杀人案件，而是让他们尽管抱有丧亲之痛，但依然渴望面对生活。如果我们看不到他们正常外表下隐藏的悲苦，只为逞一时口舌之快，就去讨论他们是否有资格开心、有资格笑，会不会过于残忍了？

当人命被"明码标价"时

在韩国，国家既然掌握着刑罚权，那么就有义务保证国民的安全。发生犯罪案件意味着这个国家失责，没能保护好国民，因此国家有救助受害者家属的义务。韩国《犯罪被害人保护法》规定：犯罪案件中，当遭遇死亡或重伤但受害者或其家属未能得到罪犯的赔偿时，国家应代替罪犯向受害者或其家属支付救助金。虽然直面现实很残忍，但在涉及金钱赔偿的案件中，韩国作为资本主义社会，能做的最大努力就是把受害程度"换算"成钱，支付给受害者家属。提供救助金的最终目的，是帮助受害者家属从犯罪案件的打击和创伤中尽早走出来，以健康的状态和面貌回归社会生活。

在支付救助金的过程中，受害者家属很容易产生误解，认为这是对逝者身价的评估。针对不同的职业、年龄、性别、工作性质，相应的赔偿金各有不同，这就很容易让人误会这是逝者的"卖命钱"。于是，不少遗属即便拿到了赔偿金，也不会动一分一角，甚至有些遗属会因为负罪感而放弃申领救助金。比如有个家庭，年幼的孩子失踪，被发现时已是一副冰冷的尸骨。这个家庭尽管经济条件非常差，但由于家长对自己没有牵住孩子的手有着无法释怀的负罪感，最终并没有去申请救助金。

抢劫和暴力伤害带来的恐惧

那张脸凶神恶煞，一直在眼前来回晃。一想起这一幕，就好像瞬间回到了案发当时。记忆瞬间鲜活起来，当时的痛感又出现在被打的地方。很想努力摆脱这种恐惧感。心悸、胸闷、直冒冷汗，有时候还会梦到这些，吓醒后久久不敢入睡。我觉得这辈子我都摆脱不了这个阴影了。

——摘自暴力伤害案受害者的陈述

抢劫是以暴力或胁迫方式夺取他人财物或侵犯他人财产利益的恶性犯罪。抢劫案常常伴随着包括性暴力在内的暴力伤害罪行。暴力伤害涉及范围广，导致人身伤害、凶杀案的概率较高，但也有些案例看不出明显的人身伤害痕迹。抢劫和暴力伤害都很可能引发创伤后应激障碍（posttraumatic stress disorder,PTSD），罪行更为严重。因为各项研究均已证实，虽不会有肉眼可见的外伤，但创伤后应激障碍却是由人体最重要的器官——大脑受损导致。[10]

不同类型的刑事案件给受害者带来的心理创伤，其严重程度没有可比性。不同于灾难或大型事故，案件给受害者带来的心理创伤取决于受害者自身特质、罪犯特性、案件类型、外在环境等，这些因素错综复杂，交织在一起产生影响。因此，对不同案件给受害者带来的心理创伤，我们不可能总结出一个统一的研究结论。以我多年犯罪心理咨询的工作经验基本可以确定，不同案件会引发不同的心理创伤。

抢劫和暴力事件发生后，受害者会立即出现典型的急性焦虑症状；相比突发性不安和恐惧，凶杀案（至亲遇害时遗属在案发现场、家属为第一个发现尸体的人、被毁坏的尸体被随意放置等情况除外）遗属出现更多的是负罪感、愤怒感、痛失感和悲痛感。至于强奸案受害者，她们除了急性焦虑症，还会产生强烈的性耻辱和屈辱感，也更容易出现社会孤立感和逃避感等。以上三种表现与官方研究报告显示的数据［暴力伤害案受害者创伤后应激障碍诊断率约为38%~39%，高于强奸案（30%~35%）、凶杀案（20%~30%）］相吻合。[11]

在突然遭受陌生人的暴力袭击时，人会直面死亡恐惧，就像人们常说的走了一趟鬼门关一样，绝不仅仅是一次简单的暴力受害经历。一个罪犯闯进店里，用钝器猛击店老板，导致店老板眼眶和肩骨骨折。这让这位店老板经历了生死恐惧，并且在随后的几周，只要看到体型和罪犯相似的男人，店老板眼前就会重现罪犯的面孔，以至于不敢外出，深陷急性焦虑中。

在案件审理过程中，罪犯极力声称自己并没有杀人动机，法院也采纳了这一说法，最终判以暴力伤人罪而非杀人未遂。对于这个判决结果，受害者并没有提出抗诉[12]，因为他生怕罪犯被释放后报复自己。不幸之中唯一令人感到一丝欣慰的是，急性焦虑症在心理治疗和干预下会迅速缓解，如果没有特殊原因，急性焦虑症患者基本都可以较快痊愈。上述案件中的这位受害者在接受了三个月的深度心理治疗后，症状明显好转；经过六个月的治疗后，他基本痊愈，差不多可以顺利结束整个疗程了，并且在其后的几年里也没再复发，能较好地适应各种社会活动和人际交往。在受害者心理治疗案例中，这个恢复速度算是比较快的了。

创伤后应激障碍并不是在案发后马上出现，有些会过几周、几个月，甚至几年后才突然出现，而且与案件类型无关，这种情况被称为迟发性症状。为了不让自己被犯罪案件带来的恐惧压垮，受害者会遏制与案件相关的情绪或记忆。迟发与解离有关。解离原本是化学术语，指分子的分离现象，在心理学领域则是指人觉得自己与自身、与周围环境相分离，或与情绪、记忆相分离的现象，例如多重人格障碍、分离性（解离性）身份识别障碍（dissociative identity disorder，DID）。

出于本能，对事情失去掌控感时，人们会有一种强烈的危机感。在遭受创伤后，受害者会努力想要保持对事物的掌控。一旦失去掌控感，他们会千方百计地想尽快恢复掌控感。突然遭遇变故意味着突然失去掌控感，这会让人感到极端的无力和恐惧。因此，在对受害者进行心理治疗的前期，我们会集中进行掌控感恢复治疗。

　　为了恢复对事物的掌控感，许多受害者在受害时或受害后会本能地试图抑制情绪或记忆。当如愿做到这一点时，他们就可以让情绪或记忆脱离意识，使压抑存在于无意识中（即解离），从而获得短暂的安全感。这时，受害者会表现得十分平静和冷静。这种状态短则持续几分钟，长则持续数年。但这种不安因素会像定时炸弹一样一直存在于受害者的身体里。当他们在现实中被某个因素触动时（例如在路上偶遇加害者），一直压抑的记忆会瞬间被唤醒。记忆恢复的瞬间，受害者会有瞬间重回案发现场的感觉，出现严重的创伤后应激障碍。

　　有位受害者在一起暴力案件中身负多处刀伤，无法坐立躺卧，住院治疗数月。住院期间，他一直保持着相对平静的心态，甚至可以淡定地安慰为自己担忧的年迈的父母。但出院回家后，他开始出现失眠、恐惧、愤怒等症状。对面马路呼啸而过的摩托车、突然推门而入的家人，甚至连餐桌上勺子与碗相碰而产生的清脆响声，都能让他陷入极度的恐慌中。之前，大脑的全部精力都专注于身体的痛，但是当身体基本恢复时，他便开始意识到情绪的痛。经过面谈和评估，该患者被诊断为创伤后应激障碍。

　　受害者因为暴力伤害而导致终身残疾，或在其面部及其他部位留下伤疤，影响到正常生活、社会交际和职业选择时；罪犯逃逸，一直未被绳之以法时；罪犯有极大的报复可能性时；儿童被虐待或家暴、校园暴力等暴力事件在日常生活中反复发生时；遭遇严重的二次伤害时……急性症状非但不会好转，反而会转为慢性症状。当受害者出自非主观意愿，需要频频参与或深入参与到调查和审理过程时，其后遗症会在之后的一段时间里反复发作，时好时坏，很难完全好转。

有人曾在路边行走时被迎面而来的陌生人施暴，导致大脑严重受损。罪犯极力主张"是受害者刺激到了自己，自己才会施行暴力"的，导致受害者不得不多次被传唤出庭协助调查。由于犯罪嫌疑人一直拒不认罪，每次审判，受害者都要去旁听，生怕嫌疑人的伪证和谎言歪曲了事实真相，让自己的冤屈得不到正义的平反。这样一来，受害者就需要经常请假。作为职场人，每次请假他都要看领导的脸色，再加上大脑受损引发的后遗症以及在调查、审理过程中承受的巨大压力，他的工作效率大不如前，最终被公司劝退。后来，他又经历了家庭经济危机，夫妻关系恶化。在一系列的打击下，他的后遗症始终未见好转。

性侵，刻在灵魂深处的烙印

现实中的性暴力

H，白领，30多岁，独居一个小单间，一般会在晚上7点左右回家，平时喜欢饭后惬意地躺在沙发上看电影或电视剧。这天下班路上，H简单买了些菜后回家，像平时一样系上围裙，准备做饭。突然，她被人从身后抱住，捂住了嘴，强行侵犯。H受到了惊吓，大叫着用力挣脱。幸好邻居听到呼救声，赶了过来，用力敲打玄关门，罪犯才跳窗仓皇而逃。警察初步断定，罪犯事先从窗户潜入H家中，躲在窗帘后等着H回家，伺机行凶。由于罪犯一直没能被抓捕，H每天都在惊恐和焦虑中度过，后来不得不仓促搬离小屋。但搬家并没有给H带来安全感，每天回家后，H都要小心检查一遍窗帘和衣柜。这种焦虑感一直持续了很久。

相比其他案件，H可以说是比较幸运的了。在她即将遭受性侵时，邻居听到呼救声并及时赶来施救，让她得以脱离险境。但并不是所有受害者都有及时被解救的好运气。我在第一工作现场接触的许多案例都没有这么乐观，大部分受害者由于前所未有的惊恐，直接僵在原地不敢呼救。还有些受害者尖叫或挣扎，激怒了罪犯，给自己招来更大的伤害。

　　以2012年一起杀人案为例。当时，这个罪犯佩戴着脚部定位器偷偷潜入被害女子家中，打算在女子进门时对其进行性侵。受害者尖叫着反抗，一下子激怒了罪犯，招来一顿暴力殴打。警察在接到邻居报警电话后赶到现场。听到敲门声，受害者呼喊着跑到玄关，最终却未能被成功解救。被激怒的罪犯做出了极端的行为。

　　这位女性为了不被性侵，做了誓死反抗，也为此丢了性命。对此，人们看法不一。有人对她在当时感受到的恐惧和痛苦给予同情，而有人则是调侃地反问："命重要还是贞洁重要？"在性暴力事件中，倘若当事人没有通过誓死反抗来捍卫自己的贞洁，人们恐怕又要对受害者的动机表示怀疑。人们这些冷漠的说辞，会在家属心中留下无法愈合的伤口。

　　出于种种原因，性暴力案件发生时，受害者往往做不到誓死抵抗和大声呼救。并不是所有受害女性都能立刻意识到自己正面临性侵，不同的人判断当前状况所需的时间或快或慢。等她们反应过来时，悲剧早已酿成。即便是意识到性暴力，她们也会因为慌张而无法在第一时间果断反抗。有些人还会担心和害怕自己被侵犯的一幕被人看到，非但不求救，甚至会不吭声或干脆装睡。

更糟糕的是，即便求救，她们也未必能立刻得到回应，未必有人愿意出手相救。曾有一起案件，受害者在下班途中，被突然出现的陌生人强行拖到路边的草丛中施行性暴力。尽管受害者大声呼救，但听到呼救声的路人都行色匆匆，各走各的路，没有人停下来施救。人们的见死不救无疑给了受害者二次伤害，受害者由此产生的对他人的不信任和怨恨感久久挥之不去。

各项研究显示，性暴力，特别是强奸引发的后遗症，远比其他类型案件引发的后遗症严重得多。[13] 特别是当罪犯和受害者认识时，受害者的后遗症更为明显。这表明，在熟人作案的强奸案中，受害者遭受了二次伤害，也因此承受了更多痛苦。

发生性暴力案件时，立刻举报或起诉是严惩罪犯的最有效方法，也是对受害者最大的补偿。但现实问题是，起诉意味着受害者要在刑事司法机关用生疏的法律术语讲述自己被性侵的悲惨遭遇，并且是在众目睽睽之下。对受害者来说，这是难以启齿的痛苦历程的开始。[14] 除了受害者的陈述之外，大部分性侵案没有其他客观证据，这就注定了受害者的陈述将成为唯一证据，其真实性对还原案件真相起着重要的作用。正是这个原因，受害者遭受二次伤害的概率更高。

值得关注的是，相比案件本身带来的痛苦，多数受害者在面对二次伤害带来的痛苦时表现得更为脆弱。除特殊案例之外，多数案件基本都是一名罪犯在案发当时对受害者进行的一次性犯罪行为。二次伤害则可能来自受害者在生活中经常接触的同事、邻居，甚至家属和朋友，这种伤害不但持续更久，甚至会随着时间的推移不断加重。这些心理创伤足以摧毁受害者的精神世界，击碎他们的意志，阻碍他们的恢复进程。

驯服式性暴力

驯服意味着形成一种关系……你驯服我，我们就成了彼此需要的关系。你将成为我在这世上仅有的存在，而我也将成为你在这世上唯一的狐狸。

——摘自安托万·德·圣·埃克苏佩里《小王子》

在《小王子》中，狐狸要求小王子驯服自己。[15] 对人们来说，驯服是确立和维持某种关系的重要手段。人们在驯服和被驯服的过程中形成集体，在集体中获得安全感并生存下去。驯服有时会以养育、教育的方式表现出来，我们通过这一过程学习从属文化的意义，作为集体的一员生活其中。在成人之间健康的浪漫关系中，驯服可以促进互惠关系的形成和维持，并在彼此之间发展为性层面的接触。

在性暴力，特别是儿童性暴力事件中，加害者往往会以亲切的关心、物质补偿、特殊照顾、强迫行为为诱饵，对儿童实施犯罪。许多儿童将这种行为与养育、照顾相混淆，即使在沦为性暴力受害者的情况下也不去揭发，有的儿童甚至意识不到自己是受害者。鉴于这种现象，1985年，"性诱拐"(sexual grooming) 这个术语出现，被心理学家广泛用于分析各种非正常性行为案件。

成年人同样会沦为驯服式性暴力对象，但儿童，尤其是那些脆弱的儿童，由于其容易被驯服、不易被发现的特点，更容易被罪犯盯上。[16]不同于浪漫关系中的性行为，驯服式性暴力 (或诱骗性犯罪) 中，双方关系是不平等、非相互情愿的，不是为了增进彼此的爱，而是将对方视为用来发泄性欲的性工具。

根据学者观点，驯服主要发生在自我、儿童和环境领域。[17]自我驯服是加害者在对儿童进行驯服式性暴力之前，为克服内在抑制而驯服自我的过程。[18]

自我驯服有以下三种方式。

第一种：将犯罪行为外部化。加害者认为，儿童在与自己进行性行为时感到了快乐，觉得虽然自己没那么好，但也不至于很坏，毕竟这世界上比自己更坏、更残忍的人比比皆是，自己的行为不足以让人大惊小怪。他们对自己的痛苦和欲望十分敏感，却对被性侵儿童的痛苦表现出惊人的麻木。

第二种：无助感。大部分加害者在罪行被发现时会极力狡辩——自己的性暴力并不是事先有预谋的，只是恰好没有控制住性冲动。甚至有的加害者还诡辩称，因为孩子太可爱或孩子主动提出要求，自己才没有控制住。

第三种：经过一番利益权衡，决定是否作案。加害者会对罪行被发现后可能付出的代价以及可能得到的利益进行一番比较和权衡。许多人会把驯服式性暴力的诱因归为受害者的长相、着装、举止，但罪犯在确定作案目标时，首先考虑的应该是罪行被发现的可能性，而不是受害者的自身特点。

儿童性驯服的核心目的是在不被怀疑的情况下与儿童发生性接触，这就意味着加害者和儿童接触的机会要足够多，并且加害者具有让儿童愿意与其共处的魅力。在与儿童接触的过程中，加害者会装出亲切、仁慈的样子，以小恩小惠利诱儿童，开始只是抱抱、亲亲、轻拍等轻微的身体接触，随后会一点点增加接触度，温水煮青蛙似的让孩子慢慢上钩，一步步沦为其性侵的牺牲品。[19]这种做法会让儿童分不清性侵和正常的看护，也因此错过了向监护人求助的最佳时机。[20]

在驯服式性暴力案件中，罪犯会巧妙地打擦边球，操控环境，将性接触正常化，同时道德绑架式地责难和胁迫受害者，以此来制止受害者揭发自己。鉴于这种复杂性，性驯服暴力案件为受害者带来的心理阴影和创伤比性暴力更严重。[21]由于是长时间慢慢被驯服的，急性应激反应会相对少一些，但自我伤害、抑郁、负罪感、无力感、性障碍、自虐等慢性症状会更为严重[22]，有时还会引发儿童对罪犯迷恋过的特定身体部位产生厌恶感、不适感和羞耻感。[23]

被彻底性驯服的儿童往往分不清正常而体面的性与不正常的性。罪犯恰恰利用这一点，通过性来操控对方，即"性化"(sexualization)。专家们指出，这是扰乱性行为和性交易边界的原因。"都是为你好""是你自己想这样的""其实我这是在帮你"，加害者为合理化自己的行为所做的这些辩解会让儿童彻底迷失，觉得自己在性方面的确有点乱，甚至在解决认知不协调的问题时将罪犯理想化，标榜其为"好人"。

这种经历会破坏孩子正常的性分辨能力，混淆正常接触和恶意接触，使受害者无法形成和维持健康的两性关系，总是徘徊于不信任和过度信任两个极端，很容易将自己推向性牺牲品的危险处境。[24] 由于从表面看，性驯服和成人与儿童之间的正常关系类似，且加害者往往能够彻底隐藏性犯罪动机，因此早期识别的难度较大。

数码型性暴力

以数码设备、信息通信技术为媒介，未经对方同意就拍摄他人身体的一部分，发布（与是否征得本人同意无关）到网络上或以此作为威胁在网上对受害者施行性骚扰和折磨，这些统称为数码型性暴力。数码型性暴力具体包括韩国《性暴力犯罪处罚特别法》第14条规定的用相机拍摄、第14.2条规定的伪造影像品传播，以及第14.3条规定的利用偷拍影像对当事人进行威胁和强迫的罪行。

韩国大检察厅发布的犯罪分析数据（2019）显示，在之前10年间，其他类型的重大犯罪呈减少趋势，但性暴力犯罪约增长1.5倍。令人意外的是，其中大多为包括相机偷拍在内的数码型性暴力案件。此类案件急剧增加并非韩国特有的情况，而是全球的普遍趋势。[25] 澳大利亚、新西兰、英国面向16到64岁国民进行的一项问卷调查结果显示，每三人中就有一人遭受过数码型性暴力。

尽管业界对这类案件的学术研究还不是很多，但在多年的工作经历中我发现，数码型性暴力受害者有着与现实性暴力受害者完全不同的创伤表现。其中最大的区别是，前者承受的痛苦会比后者持续更久，也更严重。由于网络传播速度极快，当受害者意识到被伤害时，偷拍视频或照片可能早已在网络上广泛流传。这意味着已传播的偷拍视频基本不可能完全被删除，也意味着受害者会时刻沉浸在个人隐私被偷窥的恐惧当中，永远摆脱不了心理阴影。

大部分受害者都是通过家人或恋人，后知后觉地发现自己被偷拍并上传到网络上的事情。也就是说，认识受害者的人基本都看到了受害者最隐私的一面，而且很可能就此认出了现实生活中的受害者。这会引发受害者无法承受的羞耻心和恐惧感。有些受害者在从朋友那里知道自己被网暴后，更换了身份证、姓名、工作、居住地址，甚至整容，但依然摆脱不了可能被人认出的恐惧感，精神上备受折磨。

尽管如此，数码型性暴力的报案率和揭发率相当低。这主要是由网络犯罪无法确定第一个散布者的特性导致的。无法指认具体罪犯，就无法提交法律诉状。在人们的普遍意识中，只要报了警，警察就会调查办案，找到罪犯并将其绳之以法。但截至目前，这只是一种奢望。就算知道对方是谁，并且指控了对方，在调查和审理过程中，受害者也会受到不亚于现实性暴力的二次暴力，而且伤害程度更甚。比如，为了确认偷拍视频中的人是不是受害者本人，几名检察官会一边看，一边仔细分析案情，甚至有时会当着受害者的面进行分析。

如果受害者是未成年人，在和家长通报案情的过程中，检察官会要求受害者家长亲自确认被偷拍的不雅视频的内容。这对家长来说是极大的冲击，会留下心理阴影。曾有位家长接到了检察机构的电话，被告知其子女的私密照在网上非法流传。在案情调查过程中，这位家长被要求亲眼核实照片中的人物。这时，照片会强烈刺激到家长的大脑并被储存到大脑中，每当看到孩子，这些画面就会反复出现。家长每次都会体验到强烈的羞耻感和心理上的不适，并且掩饰不住对孩子的愤怒和失望，长期备受煎熬。

数码型性暴力的类型非常多样，大多为偷拍案件，但最近也有不少是说服对方同意后拍摄的不雅视频，再擅自传到网上，或拿着不雅视频以上传网络为借口进行威胁。曾有个女孩拗不过男友的软磨硬泡，在其承诺拍完即删的前提下，同意拍下性爱过程。后来，女方提出分手时，对方以分手就将视频传给女方家人和朋友相威胁。这时，受害者才了解到，在拍摄的同时视频已被对方上传到云盘。近年来，这类案件频繁发生，有些罪犯会直接把拍摄的视频传给对方家人，导致受害者最害怕的事情发生——家人知道了自己不堪的秘密。

一个正常（非残疾人）成年人拍摄或录下自己的性爱过程，或以照片方式保存，是当事人的"自由"。虽然有人会排斥和厌恶这种行为，但并不能因为与个人价值观不同，就去指责他人。同样道理，即便是在本人同意下拍摄了视频，在未经同意的情况下上传到网上，这不是受害者的责任，而是上传者，即罪犯的过错。不过，在现实社会中，人们更喜欢把责任归咎于受害者本人，根本不去考虑受害者本人当时是否同意，这就彻底将受害者推向绝望的深渊。通过各种报道，我们不难发现，数码型性暴力受害者会比现实中的性暴力受害者表现出更强烈的自虐、自杀倾向。[26]

纵火，挥之不去的阴影与恐惧

"等入秋了，打算在东大门的小服装店找个工作，重新开始生活。"

曾有位纵火案受害者，当时被严重烧伤，尽管已接受了几次皮肤移植手术，但由于汗液分泌器官无法调节体温，天热时她无法外出。经过多方打听，我终于找到这位受害者，进行了一次家访。她满怀憧憬地对我说着入秋后出去找份工作的计划，笑得很灿烂。我深深地被打动了，也很庆幸自己能来到这里，看到她的振作和勇敢。对她的自愈能力，我由衷地给予了称赞。不过，与她的联系仅限于那一次，因为她后来突然拒绝与外界联系（包括我），很快更换了联系方式。

纵火，指故意点燃自己或他人房产、财产的行为。韩国法务研修院2020年发布的《犯罪白皮书》显示，2018年一年内发生的重大犯罪（残忍）案件中，纵火案有1478起，远远高于凶杀案（849起）和抢劫案（841起）。当然，并不是这1478起纵火案都像安仁得纵火杀人案一样，以杀人为目的，但纵火案专家一致认为，纵火案远比凶杀案更残酷。美国纵火犯罪检察官史蒂文·欧维特（Steven Avato）对此持有这样的观点[27]：

"纵火案带来的伤害远比凶杀案可怕。当我用枪去杀一个人时，虽然也有误伤他人致死的可能性，但这只是在枪膛有子弹时才可能发生。但火不一样，只要有可燃材料和氧气，就会一直燃烧下去，具有彻底的毁灭性。"

火灾导致家园或房屋受损时，受害者无家可归，需要寻找新的住处。虽然韩国政府提供临时居所，但只收容家暴受害者或性暴力受害者，救助范围非常有限。失去家园的感觉如天塌一般，而重新适应新生活困难重重。如果受害者目睹了火灾现场，大火熊熊燃烧的一幕会在其大脑中留下烙印。有的受害者甚至总觉得闻到一股烧焦味（即出现幻嗅）。

如果因为火灾失去家人，有些家属会因极度的痛苦而去主动体验被火烧伤的痛苦。有位在火灾中失去女儿的父亲，每天都会做大火吞噬一切的噩梦，然后刻意去网上搜索各种有关烧伤的信息。尽管验尸官明确表示，孩子是因火灾烟雾而窒息死亡，但丝毫没能缓解这位父亲的强迫症症状。

回顾一下2019年的一起纵火杀人案。妻子提出离婚，丈夫丧心病狂地将汽油泼在妻子和孩子身上，妻子逃跑时被追来的丈夫引燃。孩子看着妈妈瞬间被火包裹、撕心裂肺地尖叫和痛苦挣扎的样子，却根本不能靠近，只能眼睁睁地看着这可怕的一幕。孩子小小的心灵遭受了多大的痛苦和冲击，我们无法想象。

更可怕的还在后面。当警察制伏罪犯时，丈夫将责任转嫁给了孩子："都是因为你，你妈妈才被烧死的！"尽管这句话是丈夫为泄愤故意编造的谎言，但孩子会将这句毫无依据的指责完完全全听进心里。每次想到妈妈是因为自己而死，孩子就很崩溃和无助，陷入生不如死的痛苦中。

人类自从可以支配火，就开启了文明时代。火对人类意义重大，它驱逐了黑暗，驱散了寒冷，为我们带来了安全、美味的食物，但火也能将一切瞬间化为灰烬。正因如此，人类无意识的内心深处，一直栖居着对火的恐惧。

在第一现场为儿童进行安全教育和性暴力预防演练时，我们会告诉孩子，当需要向第三者求助时，可以大声呼喊"着火了！"，因为火灾在唤醒人们强烈的恐惧心理的同时，也能吸引人们的注意力。人们听到"着火了"的呼救声，基本都会出于恐惧心理望向声音传来的方向，这就加大了受害者被解救的可能。

就算人为引发的火灾没有造成人员伤亡和太大的财产损失，纵火也始终是让人本能地感到恐惧的可怕事件，带来的伤口也更严重。在纵火案中失去亲密的人，会给受害者带来永难愈合的伤口。纵火案幸存者除了精神痛苦，还要面临烧伤疤痕带来的痛苦，甚至会因为吸入粉尘使肺部患病，其痛苦常人难以想象。大邱地铁火灾惨案无情地夺去了192条鲜活的生命。当时的幸存者，在20年后的今天依然没能摆脱心理阴影。这足以说明，纵火案有多惨绝人寰。

小结

在韩国，每年刑事案件的发生概率为每10万人中1900到2000起。虽然每年的数据会有一些变动[28]，但考虑到国民预期寿命，以上数据意味着我们每个人在一生中成为刑事案件受害者的可能性＞1。由于种种原因，同一个人反复暴露于犯罪伤害事件的可能性依然存在，因此从未遭遇犯罪伤害、安全度过一生的人也是存在的。在我们的一生中，任何人都可能在自己没有做错任何事情的前提下，成为那个倒霉的受害者。

这并不是说我们要活得战战兢兢、如履薄冰，也不是说我们要对身边人提高警惕，时刻处在焦虑和紧张中。我借着概率这个观点想表达的核心是：当有人不幸沦为那个倒霉的受害者时，我们至少能意识到是"我们"其中的一员，进而以正确的方式去共情受害者所承受的伤痛，帮助他们治愈伤痛，顺利恢复，重归社会，重回我们身边。各项研究表明，摆脱心理阴影最有效的因素就是"身边人的支持"。这也就是说，此刻正在读这本书的你，或许对某个正处于摆脱心理阴影之下的人来说，将成为他唯一的一盏灯、一根稻草。

海明威的长篇小说《丧钟为谁而鸣》举世闻名，但书名其实是约翰·邓恩（John Donne）一首诗的标题。在邓恩生活的那个年代，传染病肆虐，一批又一批人逝去。每当有人逝去，教堂就会响起钟声。因此，每当钟声响起时，邓恩都会好奇又是谁死了。有一天，他自己染上传染病，躺在病床上，突然明白了这个告知死亡的沉重的钟声事实上是为哀悼我们每个人而敲响的。于是，这首诗诞生了。在地球上，人与人有着千丝万缕的联系，是互相联系在一起的命运共同体。即便不是邓恩这首诗，我们也应该想到，任何人的悲剧或死亡都不可能与你我绝对无关。

第二章

总以为别人的痛
我都懂

所谓常识，就是人在18岁前所积累的各种偏见。

——爱因斯坦

连日的酷暑令人备受煎熬，也耽误了我的正常工作。在集中处理积压在案头的工作后，总算有了片刻的休憩时间，想着可以久违地好好放松一下，我打开了电视，刚好看到关于连环杀手刘英哲（音译）的纪录片。20年前，凶手在残忍地杀害20个无辜市民后被绳之以法。虽然时间过去这么久，但每当需要一些代表性素材时，媒体都会拿这个案例做报道。也许对媒体人来说，这个罪犯有着反复"利用价值"。我随即换了个频道，锁定了一档自然纪录片节目，自言自语道："还想怎样！"

媒体之所以不惜借助几十年前的杀人案来反复强调犯罪的残酷性，大概是因为出于职业的敏感，知道大众会关注这些内容。那么，人们为什么会执迷于这样的血腥信息呢？即便不从心理学的角度去分析，我们也能凭直觉猜到，这是出于人们的生存本能。毕竟，未来何时、何地、会遭遇何种类型的犯罪伤害我们尚未可知，提前了解和关注这些前车之鉴，在面临未知险情时，或多或少能起到自我防范和保护作用。

尽管许多人为避免沦为受害者会提起精神去密切关注

与犯罪相关的信息，但真正陷入受害者处境时，他们仍然会被惊吓到，甚至麻木到连发生了什么都感知不到。这与大脑面临恐惧时的三种反应——战斗、逃跑、僵住有一定关系。决定大脑做出何种反应的是罪行本身，与案发后的经历无关。

即便如此，人们还是喜欢根据自己的生活经验去分析和揣测受害者的思维和感受，误以为这就是理解。许许多多的误解便由此而来。甚至当受害者的复原速度达不到我们的预期时，我们就会认为这个人太无能、太懒惰。如果受害者恢复得比预期快，我们则会认为这个人一点儿不像经历过创伤的，并开始对当事人指指点点。

这些误解和偏见却为受害者带来了二次伤害。下面讲到的这些糟糕的误解和偏见，会让受害者承受远比犯罪所带来的痛苦更大的痛苦。

惩恶扬善的枷锁

孩子死得冤，都是我的错。我一生下来就有残疾。爸妈经常吵架，每当这时我就带着小弟弟东躲西藏，事后再跟爸妈解释去了哪里。有一天我突然明白，我就是一个注定不幸的人，命该如此。后来结了婚，生了宝宝，过了差不多十年的幸福生活。但我这个人不应该拥有什么幸福，都怪我太贪心、奢望幸福，才会受到上天的惩罚，把我的孩子带走了。

——摘自凶杀案遗属的陈述

很多受害者在经历案件后的相当一段时间，会把事故的原因归咎于自己，不断自责。其实以理性的头脑思考，我们都知道没有谁是活该要被坏人伤害的，被坏人盯上也绝不是受害者的问题。可一旦自己成为当事人时，我们就很难继续保持冷静和客观。大多数受害者会像患上强迫症一样，觉得一切都怪自己，拼命想从自己身上找到罪犯犯案的原因。

这种极度的自我谴责和自我怪罪，在任何人看来都是没必要、不合理的，可人们又没有任何理论或办法能帮他们转变这种执念。就连经验丰富的心理治疗师，都只能以"您这样痛苦，正是因为不肯放过自己，觉得都是自己的错"来给予安慰和共情，除此之外没有其他有效的解决方案。此外，这些人有时还会由无限的自责突然变为愤怒，对身边的人表现出仇恨、冷漠、苛刻、敏感，没过多久再重回自责模式，继续自我折磨。

不仅仅是受害者，很多人在经历悲惨而痛苦的事情后都会出现自责倾向，这是人们为重寻掌控感而做的尝试。当人们能切实获得对生活的掌控感时，才能安稳生活，不畏惧任何变化。比如，人类以及大多数有机生物都认为熟悉的才是安全的，突然到了一个陌生环境，人们就很容易失去掌控感。因此，无论新事物是好是坏，人们都会本能地做出抗拒。[1]

抱有这种心态的人一旦沦为受害者，平静的日常生活就会在瞬间被打破。他们会感到自己突然被扔进了完全陌生的环境，出现强烈的恐惧感和焦虑感，这完全超出了他们的掌控范围，进而加剧了他们的虚脱感和无力感。负罪感是对这种现象的抵抗，是为恢复掌控感而做的挣扎。发生糟糕的事情时，如果迅速转换为负罪思维模式"是我没做好，才会导致这样的事情发生"，并由此想到"只要将来不再犯同样的错误，就不会再经历这种坏事了"，就可以有效帮助他们重获掌控感。

在案发后的一段时间内，这种思维模式会起到一定的积极作用，为受害者客观、合理地看待已发生的事情提供必要的内在动力，同时也为受害者争取到复原所需的时间。因此，倘若案发后受害者表现出自责，我们应允许并给予尊重，帮其探究出负罪感的根源，从现实的视角来看待因果关系。当受害者做好心理准备时，我们就可以帮助他们将负罪感和内心的愤怒转换为原动力，进而帮助他们重新振作起来。这一点尤为关键。[2]

这种心理源于根深蒂固的、我们自童年就被灌输的惩恶扬善的价值标准，这种标准可能来源于神话、传说、民间故事、童话、漫画、电视剧等。在人类形成和发展共同体的过程中，惩恶扬善确实是重要的价值标准，这一点毋庸置疑。但是，明明没有做坏事，坏事却降临在自己身上，让自己受到惩罚，又找不到合理的解释，人们就会陷入道德绑架中，认为大概是自己做了什么坏事，才会导致事情的发生。

惩恶扬善观念深入骨髓的人，会把犯罪带来的伤害理解为对自己的惩罚。因此，在发生犯罪事件的瞬间，受害者首先想到的是自己做错了什么，才会受到这番惩罚，并开始千方百计从自身寻找原因，绞尽脑汁地回忆曾经犯下的过错和恶行。这自然会引发自责心理。

糟糕的是，这种根深蒂固的观念除了存在于受害者大脑里，同样也存在于受害者身边人的大脑里。因此，在发生重大凶杀案时，人们会本能地先想到"他肯定是做了什么坏事，才会遭到这种报应"。比如，一名男子在办完被害妻子的葬礼后第一时间重返职场，却听到同事们在背后议论："真是个狠人，刚办完葬礼就急着上班。难怪会发生这种事情。"

在谈论惩恶扬善之前，我们首先要弄清它是否以正义与公平为前提。当罪犯和受害者两者之间身体或精神上的平衡被打破，即正义与公平被打破，进而发生犯罪案件时，如果我们用惩恶扬善的价值标准看待犯罪这件事，便是用错了地方。不过，韩国社会依然无法摒弃用惩恶扬善的价值标准来看待受害者的坏习惯。于是，那个被罪犯伤害并发出求助的"人"会消失不见，留下的只是人们"对善恶的判断"。

无论一个人有着怎样的失误和过错，都不应成为他被伤害的理由。罪犯都享有受法律保护的权利，确保其免受与罪行不符的过度惩罚，这也是为什么只有极少的正当防卫能被法庭认可的原因。[3]法律可以在罪犯身上展现出人性、保护人权的一面，那就更有理由在无辜的受害者身上展现出足够的保护和关爱。希望人们能扪心自问：自己是否在无意间充当了在伤口上撒盐、落井下石的角色？是否长久以来让受害者受到了本不该有的不公正和苛刻的对待？

一切还来得及，还可以补救，重要的是开始改变看向他们的目光。

碎玻璃杯论

　　趁神志正常，我想问几个问题。之前那种莫名的焦虑感现在消失了，但是我开始对自我产生了各种怀疑，比如我为什么在这里，在做什么……总之，就是对我为什么而活着有了困惑。工作时还好一些，但是闲下来就会一直问自己："我要去哪儿？""我在这里做什么？"严重到无法用语言表达。您说我这种状态能好起来吗？

——摘自凶杀案遗属的陈述

　　受害者，特别是刚经历过犯罪伤害的受害者大多会问这样一个问题："我是不是精神出了问题？"

　　当暴露于压力源时，我们的身体会出现一系列反应，除了引发下丘脑—垂体—肾上腺轴内分泌系统、自主神经系统、免疫系统方面的生理变化，觉醒、记忆及情绪方面也会发生各种变化。好在我们的身体一旦远离压力，就能很快回到正常状态，交感神经系统和副交感神经系统重新恢复平衡。[4]

　　不过，如果因为经历了犯罪伤害而留下了严重的心理创伤，即便案件终结，受害者也依然会觉得自己一直处于案发情境中，并且这种感觉会持续很久。这是因为，负责唤醒的交感神经系统过度活跃，阻碍了负责松弛的副交感神经系统的活动。通常来说，受害者会在事件发生后的1到2周内恢复正常，但因个体差异、案件类型，有些受害者也会一直处在惊恐不安的状态中，几周、几个月，甚至几年都难以走出来。

导致受害者深陷精神痛苦的创伤表现复杂多样，主要是以发呆、注意力下降为特点的解离、失眠、嗜睡、暴饮暴食、厌食、突发性恐惧、过度警觉或情绪麻木、出现自虐或自杀倾向、与案件相关的身体部位出现功能性障碍或出现麻痹及疼痛症状，以及出现幻觉、妄想、思维障碍等急性精神障碍。参与和协助案件的审理工作已经让受害者心力交瘁，再加上上述种种症状的叠加，受害者就会感到强烈的疏离和混乱，甚至会萌生对永远都不可能痊愈的恐惧与担忧。

为了改善上述症状，我们需要结合精神健康医学药物治疗，在提出这个建议时，我们与受害者的关系有可能会遭到破坏。专家提出的精神医学治疗建议可能会被受害者误以为自己无法自然痊愈。在此基础上，如果受害者再多一个"一旦开始服用精神类药物，就可能一辈子无法戒掉"的误解时，他们的抗拒心理就会更加严重。因此，在心理咨询现场，我会反复对受害者做心理创伤方面的疏导。

这项心理疏导的目的在于，让受害者正确理解心理创伤的生物学影响、心理学影响、社会影响，并有针对性地为他们提供合理的信息，告诉他们出现心理创伤之后，他们会出现一系列症状，这是自然的，也是很正常的。虽然有个体差异，但都会逐渐恢复。告诉他们这些非常重要。通过从心理疏导获取的信息，受害者会对自己当前出现的症状做出合理的解释和正当的理解，并且对下个阶段自己可能出现的症状做好心理准备。当症状随着时间的推移开始加重或转为其他症状时，他们会明白这些都是自然而然的。

在心理复原过程中出现新的症状，或当前的症状暂时加重，随时都可能发生。这可能是现实中的新压力导致的，也有可能预示着受害者有了重拾关于创伤的记忆并直面它们的力量和勇气，还可能是受害者重新处理心理创伤，将它与现实生活相融合的机会。因此，身边的人或心理咨询师要帮助受害者认清这一点，而不要误以为情况变得更糟糕了，并因此而表现出失望和沮丧。

因为心理创伤而遭受短暂的精神混乱，这很正常。受害者可以借助内在的自愈力或心理咨询专家的帮助，得到充分恢复。但如果除了这次受害经历，之前还因为其他受害经历有过多种心理创伤，或在案件之前就存在心理问题，或复原所需的内在、外在资源都匮乏时，受害者的复原速度可能会比较缓慢。不过，无论如何，受害者都肯定会随着时间的流逝慢慢好转，伤口慢慢愈合。甚至像经历过命案、对复原表现出强烈抵触情绪的人群，也会随着时间的流逝，慢慢摆脱阴影。这似乎是一种本能。因此，身为一名咨询师，以肯定的语气明确告诉受害者（而不是对复原怀有负罪感的受害者或遗属）"你一定会好起来，至于方法和速度，你可以自己来调整"这一点非常重要。

说这句话非常讲究时机。如果不考虑这一点，劈头盖脸直接来一句，受害者可能会误解为"肯定是无法了解我的痛苦，才说得这么轻描淡写"。因此，受害者的家属或朋友应尽量避免这样的安慰，当受害者陈述痛苦时，给予倾听和共情就可以了。从我一直以来的工作经验来看，做到这些已经足够，剩下的交给受害者自己去努力就好了。

并不是所有受害者在经历犯罪伤害后都会觉得人生从此被毁灭，或成为精神病患者。受害者可以在得到适当的照顾、心理干预时彻底痊愈，甚至有些人完全可以依靠自愈能力恢复到之前正常的生活状态。如果一个人在经历足够长的时间后依然没能从犯罪带来的心理创伤中恢复过来，或症状反而加重，那么很有可能是受到了第二个、第三个干扰因素的影响。这时，我们就需要留意一下，是不是自己、身边的某个邻居或周边环境影响了受害者的恢复速度。

受害者应有的样子

喝醉酒搭乘上司的车后失去意识，等到口渴难耐苏醒时，却发现自己一丝不挂地躺在上司的床上，这时你会怎么做？深夜下班路上，被漆黑巷子突然窜出的一个黑影强暴，这时你又该怎么做？究竟什么是受害者应有的样子？

所谓受害者应有的样子，指受害者可能表现出来的各种性情、行为、思维等。[5] 在人们的意识中，一个受害者应有的样子，或者说一个受害者应该表现出来的正常行为包括案发后立刻报警、表现出恐惧和害怕、长期处于被罪案打击的痛苦中。虽然多数表现常常被冠以"常识"或"自然的"，但这种所谓的像个受害者的样子，其实只是体现了主流社会的视角和偏见而已。[6] 关于"是否像受害者应有的样子"，人们曾经发生过激烈的讨论，但现在人们显然就"谈论这个问题没什么意义"达成了共识。

即便是这样，在刑事司法程序中，受害者表现出"受害者应有的样子"仍然是个重要的话题，甚至有人主张，虽然在广义上"受害者应有的样子"指代性受害者通常表现出来的典型行为表现，但从狭义上讲，由于这种偏见不具有实质性作用，且有着合理依据，常常被用作法官在法庭上判断受害者对案件陈述的真实程度的依据。[7]这里所说的狭义的"受害者应有的样子"，包括正直地、一贯地、毫无保留地陈述案件经过，以及做出从常识上受害者在具体情况下应有的正常举止反应。

这并不表示，受害者在陈述中缺乏一贯性且凝聚力不足或受害者对事件的陈述有所保留就是指受害者有撒谎的企图和嫌疑。对于自己经历的事情没有充分的认知和理解时；由于受到过度惊吓，认知功能暂时下降时；事情反复发生，导致受害者在回顾过程中无意将几个情节混杂在一起进行陈述时；没有准确理解办案人员的提问内容时……受害者陈述的一贯性和凝聚力都会大打折扣。除此之外，仅仅因为遭受了伤害，人们就要求受害者放下羞耻心，把事件的所有细节甚至与案件无关的隐私都陈述出来，认为这是他们的义务，这对他们是不公平的。毕竟连罪犯在供述时都没有这种义务，甚至还有沉默和拒绝不利陈述的权利。

所谓常识，不是专业知识或绝对标准，也不是客观事实，而是社会成员普遍认同的价值观。多数人共有的偏见都可能被打上"常识"的标签。为避免发生这种偏差，在做出常识判断时，我们要懂得抛开偏见和固有观念，充分考虑特定人群的处境。由于我们会主动启动我们的现有价值观（即常识），因此有意识地抛开这一点，就连老练的专家也会感到困难。

在前面的案例中，如果第二天上司打来电话问昨晚发生了什么事情时，受害者能好好解释，而不是大发雷霆，冲对方发脾气；如果晚上约见上司一起吃个晚饭，那么从狭义上看，她是否还是个受害者呢？她的行为是否符合常识呢？

在判断一个人的观点是否符合常识时，我们需要以客观、准确的信息作为依据，比如，当事人平时的性格（例如是否经常自责、是否有被动回避倾向），当事人与其上司的关系（比如一想到被凌辱就会愤怒、施行报复），当前状况（比如他即将面临晋升考核、有家庭），案发当时的精神状态（比如大醉），当事人的性知识和性爱观（比如性观念是否特别苛刻）等。特别是在性暴力案件中，普通人、受害者、刑事司法办案人员对常识的理解会有很大差异。因此，在没有核实这些客观信息的前提下，贸然谈论受害者的行为是否符合常识、是否像"受害者应有的样子"，都是不可取的。

A的目标就是毕业后就职大企业X，所以在大学期间拒绝了一切无用社交，专心于提升自我，给自己充电。毕业时，A被录用为X企业的实习生。如果没有意外，在结束6个月的实习生涯后她就会转为正式员工。在结束为期一周的新员工培训后，A满怀期待地去上班，第一天便在走廊里见到了培训期间一直对她照顾有加的金科长。出于感激，A主动打招呼，金科长笑着大步走过来，拥抱了A，右手捏了一下A的屁股，然后走开。A瞬间傻了眼，一直到一起来的新员工拍她的肩膀，她才反应过来。

如果你是A，当时会怎样做呢？在金科长捏你臀部时，明确表示反感并要求对方立即道歉吗？理论上这应该是最恰当和有效的做法，但是金科长会乖乖承认自己非礼了她并欣然道歉吗？多数情况下，这是不太可能的。金科长在承认这一点的瞬间会失去很多东西，所以他不但不会道歉，反而会恶人先告状，把A污蔑为一个道德上有问题的人，诬告上司性骚扰。

如果暂时忍一忍，等到金科长去别的地方时，再向职场前辈、上司或公司内部人权保护中心的办案人员讲述事情经过，并寻求帮助呢？这也不失为一个好的方法。在现实生活中，这种情况下，上司或人权保护中心的办案人员会站在举报人的立场上为其考虑，并给出有效的建议。但如果这时金科长开始反击，情况可能又会反转。一个是刚招来的、第一天上班的实习生，一个是在公司里拥有较高权力的科长，两者之间他们更会相信谁的话呢？或者说他们更愿意相信谁呢？并且，一旦事情传出去，A的口碑和形象肯定会被破坏，而这对其六个月后的正式录用考核无疑是个不利因素。

如果选择报警呢？为了得到应有的补偿，报警是受害者应有的权利。但现实中，我们很难确定报警会有效果，无法肯定报警绝对是个明智的做法。下面这位受害者的陈述就证实了这一点。

目前为止，我已经失去了太多、太多。现在我谁也没法信任了，厌倦了一切。按理说我是受害者，但我却要被调查，甚至被质疑是不是在撒谎。事到如今，举不举报已经无所谓了，我只希望快点结束这一切。早知道这样，我就不举报了。现在想撤回举报，又担心会被误解为心虚、理亏，被扣上诬告的罪名，我感觉像掉入了一个走不出去的陷阱里。

——摘自强奸案受害者的陈述

有人会觉得，忍气吞声，就当什么也没发生，若无其事地上班不就可以了吗？只要避开金科长。这或许是一个不错的方案，但性暴力是"发展式"的，而不是一次性的。罪犯一开始是通过轻微的身体接触慢慢降低对方对性刺激的抗拒心理。如果对方抗拒，他就会恶人先告状，"有什么大惊小怪的""不小心碰到的"。之后，他会伺机再次尝试身体接触，一点一点加大侵犯程度。这就意味着，金科长不可能只是捏捏屁股就满足了，他会得寸进尺。更何况，金科长是A的上司，这就很难确保当金科长非礼骚扰A时，A一定能保护好自己。不难想象，在以后的日子里，A反复被性骚扰的可能性很大。当A忍无可忍，决定揭发这件事并向人们求助时，不但周围的人，就连刑事司法办案人员都会认为A一定是为了谋取某种利益才会隐忍这么久，并以此为由质疑A的动机，矛头反而指向A，指责A作为受害者，没个受害者的样子。

如果你是A呢？在现实中，面临这种处境时，大部分人可能更倾向于一个人默默忍受，因为觉得自己无法掌控环境。相比之下，改变自己的想法和感受对自己更有利，也更容易，并且一开始就采用这种做法似乎比较奏效。

问题是，无论性暴力、身体暴力还是精神虐待或抢劫金钱，受害者越是隐忍，罪犯就越大胆猖狂、越无耻，受害者会一步步陷入沼泽中，无法自拔。一旦超出自己的承受能力，受害者就会后悔自己最初的误判，开始考虑向他人求助。但是，许多受害者都敢怒不敢言，最后只能选择默默忍受或自我毁灭。他们明白，一直以来，自己优柔寡断的态度和行为，以及看起来和所谓的"受害者应有的样子"相去甚远的状态，都会令人们质疑自己举报动机的纯粹性。

这并不是说我们必须百分之百相信受害者的说辞，不允许对他们有任何质疑，也不是说在缺乏有力证据时我们也可以严惩被指认的罪犯。因为故意伪装成受害者去污蔑对方，或被心怀恶意的人的诱导性提问带偏，从而做出错误回答，进而导致一个非受害者被误判为受害者的情况确实存在。

在没有对案件本身以及受害者、受害者所处的环境进行充分了解的情况下，仅凭个人偏见或对被指认为加害者一方的主观偏袒和不合理的同情，就急着质疑受害者的真实性，这是不可取的。在没有客观证据，只能依靠受害者陈述的案件中，受害者陈述内容的客观合理性和逻辑性尤为重要，但我们没必要非得将其认为是"受害者应有的样子"。认为一个受害者唯有表现出受害者应有的样子，其陈述才可信的看法，其实是一个逻辑上的误区。[8]

真凶的帮凶

2018年3月，一女子称遭到丈夫好友的强奸，法院一审却将对方判为无罪。这让这对30多岁的夫妻彻底绝望，双双自尽。世界各地的人们聚焦于二人的冤屈处境，争相发表评论，称法院的判定结果是二人自杀的根本原因。事后，法院重新认定了受害者证词的真实性，推翻了之前的判决结果，于2019年4月重新判定嫌疑人有罪。这起案件成为向人们展示在一起性暴力案件的庭审过程中对性问题的敏感度有多重要的标志事件。

令人遗憾的是，在这起事件之前和之后，仍然有受害者自杀的事情发生。一个深受产后抑郁症折磨的女子，通过社交网络与一名男子相识并见面，随后被强奸。在这起案件中，当事人一再恳请调查人员不要告诉自己的丈夫，但办案人员无视这种恳请，依然把事情告诉了受害者的丈夫。最终，女子因不堪丈夫的责难，选择自杀。一位性侵受害者在庭上作证之后，因无法面对对方律师提到的侮辱性问题，痛苦不堪，最终自杀。有个受害者，和恋人分手后，对方将偷拍的性爱视频传到网上，受害者为此不得不放弃赖以生存的工作，每天在网上搜索自己的视频，要求对方删除。有一天，她接到一个朋友的电话，被告知偷拍视频被看到，之后她选择了自杀。

是什么将他们推向了自杀的境地？虽然案件本身的打击让很多受害者有过自杀的冲动，甚至有些人尝试过自杀，但在很多案件中，让受害者决定自杀的关键因素并非一次伤害，而是二次伤害。这里所说的一次伤害，指的是犯罪行为给受害者带来的身心伤害；二次伤害指的是案件终结后受害者遭受的一系列伤害，比如私生活被侵犯、因为丧失工作能力导致失业、面临经济困难；三次伤害指的是犯罪行为给受害者带来的长期后遗症，比如童年时期持续遭遇校园暴力的人，成年后选择自杀的概率会更高。[9]

在上面的夫妻自杀事件中，罪犯和受害者的丈夫从小就认识，有一段时间还曾经是生意伙伴。警方在接到报案后展开调查，罪犯在这时却散布谣言，称受害者和自己的不正当关系暴露后，受害者为了避开丈夫的责备，才反过来诬告自己。在法院还没有开庭之前，在他们的生活圈子里，这个罪犯似乎已经确定了自己是无罪的，而这对夫妻才是诬告他人的恶人。

在这种情况下，受害夫妻能依赖和信任的只有法院。一审判决被告无罪后，周围的人又是一副"我就知道会这样"的态度，这无异于把已经站在悬崖边上的他们推向了更加绝望的深渊。在人们眼中，他们成了"呵，就为了证明自己是强奸案受害者，命都不要了"的人。他们无非想还原真相。的确，最终在人们眼中，他们真的成了受害者，只是他们已是另一个世界的人了，对于世人如何评价已无从知晓。周围的人也不可能意识到，正是他们将这对夫妻推向了死亡。

诸多关于受害者心理创伤的研究都有力地证明，犯罪行为（即一次伤害）会给受害者的心理健康带来重大影响。无论是哪种形式的犯罪行为，都极有可能引发创伤后应激障碍，譬如反复回忆痛苦经历、经常做噩梦、逃避与案件相关的刺激、对刺激过于敏感、变得消极，这些远比自然灾害和交通事故带来的心理创伤更为严重。[10] 当案件反复发生时，发生复杂型创伤后应激障碍（complex PTSD）的概率会急剧增加[11]，受害者会出现抑郁、焦虑、绝望、滥用药物、自虐、轻生、社交障碍、非医学原因的身体不适等症状。

这会给受害者带来二次伤害，而二次伤害有时会给受害者带来远比一次伤害更加可怕的后果，将受害者的生活彻底压垮。人们可能觉得二次伤害主要来源于媒体或刑事司法机关，但事实上，为受害者带来最频繁、最沉重的二次伤害的，恰恰是受害者身边的人，甚至是家属。[12]令人心痛的是，那些带来二次伤害的受害者身边的人，根本意识不到自己的行为是在给受害者带来二次伤害。

这很可能源于受害者身边的人对受害经历的特殊性理解不够。一年前，一位家属来接受心理治疗，他年幼的女儿被杀。在咨询过程中，这位家属忍不住自己的气愤和痛苦，告诉我他和邻居的关系曾经挺不错，但这次却感到了对方对自己的侮辱。原来，这个邻居说的一句话深深刺痛了他——"孩子不在了就尽早放下吧。赶紧要个二胎，还能是个安慰。"作为邻居，在长达一年多的时间里一直目睹他的痛苦，觉得这是个很好的帮他尽快走出来的方法，所以才说出了这番话。

但实际的情况是，这位家属直到现在依然不敢去看孩子的照片，听到有人提起孩子的名字，他都会瞬间崩溃大哭。如果看到和女儿年纪相仿的孩子，就心如刀割。对他来说，忘记孩子是何其残忍，让他再生一个，简直是疯人疯语。作为长期陪伴的邻居，他理应知道家属的心情，却为什么会说这样的话呢？这是因为他没有经历过这种痛苦，不知道对方承受的痛苦有多重。也就是说，这是无法感同身受所导致的偏差。

"共情"在词典上的定义是：对别人的感情、意见、观点，自己也有相同的感受。在心理治疗领域，共情是指理解他人的内心世界和内部参考系，重点是"即便没有相同的经历，也能理解他人的心情，且维持与他人的心理边界"。这也是共情区别于同情的关键。

我们经常会错以为即便是自己没有经历过的事情，也可以对别人感同身受，了解对方的痛苦，并且笃信自己的理解是正确的，自己的一言一行都是在与对方共情。但很多时候，我们的理解只不过是我们在个人经验基础上推测出来的，是暂时的同情或伪装出来的共情。同情和怜悯可以唤起人们的救助欲，这是共情的重要前提，确实有其价值。但仅凭自己的主观想法和感情就做出推论和同情行为，其作用就显得极为有限，因为你不可能完全理解对方。

发生从未见过的事情时，人们会努力去理解这件事情。只有从认知上理解了，才能避免同样的事情再次发生。不过，我们不可能对世间所有的事情都有正确的认知。因此，我们应随着阅历的增长，了解人在理解这件事上存在局限性，并且能够包容我们未必理解的事情。

重案对受害者来说是非常陌生且会带来沉重打击的事情，这种打击又会与其他多种因素结合，令受害者出现复杂的反应。这些反应中的一部分会带有特殊性，非但身边的人不理解，可能就连当事人自己都无法理解。当有人根据自身经历觉得自己能理解受害者的遭遇，贸然给受害者一些所谓的建议时，可能会事与愿违地给受害者带来二次伤害。因此，受害者身边的人应该意识到这些局限和难度，警惕自己"过分主动热情"。

一个有着重案受害经历的人，就能够准确理解和共情同为重案受害者的心理吗？并不一定。人都喜欢在自己的经验范围内思考和行动，很难摆脱以自我为中心的思维模式，也难以想到他人和我可能不同。这种倾向并不会因为遭遇过重案打击而改变，这是两码事。有过受害经历的人，会有一种由此及彼的控制倾向，过度普及自己的经验，认为对方和自己经历相似，于是好为人师，冒失地给对方提出所谓的建议。如果对方和自己所期望的表现不一致，就想要责备和控制对方。

这是由错误的共情导致的。无论是对受害者的共情，还是对被指认为加害者的共情，如果不是以客观性和中立性作为前提，就无法被视为真正的共情。其导致的后果很残酷，超出我们的想象。我们必须记住心理学家保罗·布卢姆（Paul Bloom）博士[13]的警告："错误的共情会带来灾难。"布卢姆博士表示，对个人经历过度共情反而会令人们忽视客观依据，导致无法接受的集体主义。我们应认清，无论什么时候，共情都只是一种工具而已。

为避免因与受害者之间的不当共情引发二次伤害，我在对受害者进行心理援助时，会给出以下几点建议：不要因为自己同样是受害者，就以为自己能够理解其他受害者；不要因为对方的想法和经验与自己不同，就试图改变对方的想法；想向对方倾述自己的受伤经历时，要征得对方的允许；对方有叙述欲望，但自己不想听对方的受害经历时，要明确简短地拒绝；自己的事情由自己做主，同时也要对自己的决定负责到底。

倘若一开始受害者没有成为罪犯的靶子，一切都不会发生。从这一点来看，将受害者推向痛苦深渊的主要原因，肯定是犯罪事件。问题是，事实上共犯很多，其中一部分共犯甚至会给受害者带来远比一次伤害更大的二次伤害，可他们却根本意识不到，自己是加害者。

我能逃过一劫吗

2020年12月24日，一名急救中心的急救办案人员在工作中突然遭到无差别暴行（虽然在起因上双方各执己见），不幸死亡。罪犯在确认被害人死亡后对尸体放任不管，7个小时后才报警，并主张死者的死亡与自己无关。后来，死者家属通过韩国青瓦台国民请愿平台控诉申冤，这个题为"金海急救办案人员死亡事件"的帖子才流传开来。

很快，事情有了新进展。罪犯为受害者的直属上司，平时不管大事小事都会随便使唤对方，让对方照看自己的宠物狗，甚至在受害者的家里安装监控设备，监视受害者的一举一动，把受害者当成奴隶。这件事如同一颗炸弹，激起了全民公愤。

有一部分人对此表示质疑：一个健全的成年人，为什么不能抗拒和摆脱这种不公对待呢？

这种质疑声很快蔓延到更多人的身上：为了得到永生和上天堂的机会，把全部家产捐给宗教机构，还要忍受剥削和暴力的人；面对反复无常的虐待和暴力非但不求助，还极力袒护罪犯的家庭暴力受害者；无法忍受校园集体暴力，没有选择去求助，而是结束自己生命的学生；被骗婚后，承受各种欺凌却还是无怨无悔地为对方做牺牲式的献身，最后被溺死或打死，或一夜之间失踪的女性……看到他们的经历，我们在感到痛心和气愤的同时，同样会好奇为什么在那样的处境下他们不能想出更合理的对策来保护自己呢？倘若我们不能用受害者理解和接受的理由来消除自己的好奇心，就很容易将受害者和罪犯混为一谈，甚至认为受害者不够精明、智慧，或者不经意地谈及受害者诱发论，给受害者贴上一些标签。

我们为什么要以如此不合理和苛刻的眼光去看待他们呢？这样做对我们有什么好处？每个人的理由或许不尽相同，但大体上我们都会有一个共同心理，那就是"可怜之人必有可恨之处"，并且在这种偏见出现之后，我们还会生出"只要我们不和那些人一样，就可以避免这些可怕的事情发生"的释然之情。这只是大众的一厢情愿而已，在任何犯罪案件中，决定是否施行犯罪的都是罪犯，而不是受害者。

当然，也有一些伤害或杀人的暴力事件是由双方的矛盾纠纷引起的。不过，即便如此，决定施行暴力的也是罪犯，而不是受害者。罪犯将特定弱势人群锁定为犯罪目标，施行犯罪，才会有犯罪案件。比如，罪犯有了打人的冲动，刚好认为对方是软柿子，不会还手，于是决定去打人，由此触发了暴力犯罪。[14] 如果他经过分析权衡，判定对方是不能打的人（一旦打了对方自己会遭到报复，或被法律惩罚，或会让自己后悔）时，即便有打人的冲动，他也会控制自己，避免暴力事件发生。尽管在许多案件中，罪犯都主张自己并不是故意伤人，但除了少数极为特殊的情况，多数情况下的犯罪行为都是在罪犯不想控制自己的冲动时才发生的。这也就是说，罪犯的行为是故意的，他知道自己在做什么。

几年前，一起公司高层领导精神打压、控制员工的事件轰动了韩国社会。这个公司的高层领导冲着员工的脸吐口水、乱扔东西，并谩骂对方。在法庭上，被告称因为自己平时深受婆家虐待，所以才会发病，自己是因为冲动控制障碍才会精神打压、控制员工，恳请法院从轻处理。令人讽刺的是，她所说的这种冲动只针对"即便做出谩骂和暴力行为也不会被追究"的员工。也就是说，她是可以控制自己的行为的，只有面对好欺负的员工时才会失去控制。

那么问题又来了：作为身心健康的成年人，受害者有着独立的行使人权的能力，为什么不能摆脱罪犯的魔爪，反而反复蒙受其害呢？在弄清这个原因之前，我们首先需要认识到一点，那就是人类不但具有将事件合理化、正面思考的倾向，还有非合理化、负面思考的倾向。理性情绪行为疗法（rational emotional behavioral therapy, REBT）创始人阿尔伯特·埃利斯（Albert Ellis）在此理论基础上提出："人类在错误中成长，从错误中学会和平相处之道。"[15]

这个社会经常出现一些非合理论调，人们明明知道这非但不能让我们的生活更加美好，反而会破坏美好，却依然无法舍弃这些错误观念。人们会根据不同的需求做出否认、遏制、合理化、反向作用、补偿、投射以及其他各种自我防御选择，有时还会以极端的方式进行自我欺骗。极端的人甚至会给自己洗脑，认为自己是一个颓废无能的人，然后为了迎合这种认定，做出一些看起来软弱无能的行为。在心理学上，这种行为被叫作自证预言（self-fulfilling prophecy）。

人类很容易陷入这种错误观念当中。当外界因素试图扭转这种错误观念时，人们喜欢进行顽固抵抗。为什么会出现这种倾向呢？这是因为，人们有着想要保持一贯性的本能。正如前面讲到的，相比陌生却有利于自身的，人们认为"虽不利但熟悉的"更为安全，并且会在这种驱动下做出维持当前状态的本能选择，哪怕有时候是以生命为代价的。

在被罪犯伤害的处境下，人类的这种倾向也不会改变，不会随着受迫害次数的增加去努力改变现状或环境，进行自我保护，而是会选择改变自己，让自己适应当下的不利环境。就像家暴受害者在事后看到对方请求原谅并信誓旦旦地说很爱自己时，受害者会觉得"除了平时偶尔家暴，其他都堪称完美"，以此来自我安慰，甚至会认为对方太爱自己，所以才会暴力对待自己。就像在宗教中处于被剥削地位的人，只要事情不是发生在自己身上，哪怕心里很清楚这是犯罪行为，他们也会自我安慰，认为自己会是例外，不可能遭受同样的暴力，用盲目的信任来代替合理的质疑和批判。

有一个女子，当她发现自己深信不疑的、以一生相待的人原来是个骗子时，她拒绝承认这一事实，因为接受现实意味着自己曾经以及现在的一切都不是真的，这无异于承认自己一直以来都被利用、被欺骗了。还有一个女子，她的姐夫欺骗她说她和恋人的偷拍视频在网上流传，于是她觉得被人抓住了把柄，过了八年如同奴隶一样的生活。后来，当事情被证实是姐夫捏造出来的，根本不存在什么偷拍视频时，她根本无法相信。对她来说，接受这个事实，就意味着否定了过去八年的人生。

前文提到的曾经像奴隶一样被使唤，最终因暴力死去的急救中心医务人员应该也是这样的心理。他生长在父权制的环境下，目睹的是绝对的服从，因此才会顺从上司的使唤。做错事情时，面对上司提出的离谱和过分的要求，他很可能选择乖乖承认自己的错误，谦逊地接受对方的无理要求，而不是试图反抗和拒绝。所谓的苦尽甘来，在他这里变成了委曲求全是美德，总会带来好的结果。如果在平时，我们会赞许他是个"懂礼貌""善良""老实"的人，但在他因为无差别暴力罪行而失去生命后，人们对他的评价一定会和之前有所不同。

　　另一个让受害者反复沦陷在罪犯的圈套中难以脱身的原因是创伤导致的脑损伤。在创伤状态下，被誉为情绪脑的边缘系统会对各种事情迅速做出分析和选择，比如面对有胜算的事情时会选择对抗，面对没有胜算的事情时会选择逃避。既不能对抗又不能逃避时，人就会失去意识或丧失知觉和记忆，变得僵硬。这种反应是本能而瞬间的，不会受到负责理性判断的前额叶影响。脱离前额叶控制的边缘系统，只会在生存瞬间做出即刻反应。[16]

　　过去5年间，在韩国满14周岁以上人口中，暴力受害者的比例为 0.37%~0.57%。相比我们的担忧，数据还不算高，但在沦为受害者的瞬间，数据在受害者的大脑中会被接收为100%。受害者将深陷案件不一定什么时候会再次发生的恐惧中，进入过度警觉状态，并把它变成一种常态。即便案件终结，边缘系统的兴奋状态始终不会改变，即便偶尔得到暂时的平静，但任何细微的刺激都能令其像弹簧一样再次活跃，启动捍卫生存的模式。

　　这种状态耗费了受害者的全部精神能量，因此他们对现实生活中的其他事情无法做出更多的高效回应，无法集中注意力，频繁出现犯错、健忘的情况，常常发呆，魂不守舍。一旦撞见和案件发生时相似的情境，创伤记忆就会瞬间被激活，使他们仿佛回到了可怕的情境中，出现激动的情绪。[17]值得欣慰的是，除了极个别特殊的原因，大多数情况下，大脑功能会随着时间流逝而慢慢恢复，创伤所带来的症状也会好转（不排除个体差异）。

如果频繁暴露于受害情境中，受损大脑就无法获得恢复所需的最起码的"安全时间"。因此，受害者不但要面对当前的阴影，还要面对被当前某个记忆鳞片召唤来的过去的阴影，被双重阴影所折磨。这种不利状况会令受害者的战斗、逃跑反应回路受损，取而代之的是僵住反应，恐惧和不安被屈服和顺从所替代，过度警觉则转变为解离状态或述情障碍。

由此可见，反复暴露于心理创伤事件时，情绪脑和理性脑的功能都会受到损伤，进而导致严重的认知缺陷，令受害者的思维能力、判断能力、适应能力严重降低，甚至达到无法独立生活的程度。在这种状态下，受害者能做的最好的选择，或许只有无条件服从和顺应罪犯，就像那个在平安夜丧命的急救中心医务人员一样。

自以为都懂

我们可以轻易从动画片、电视剧角色的长相、表情、化妆风格、着装风格、行为举止等外在特征中判断出他是好人还是坏人，尤其是在动画片里，坏人可以是没有眼睛、独眼、三只眼、无头怪、两头怪等形象。这种认知一旦产生，孩子便容易误认为仅凭一个人的外表就能判断出他的为人。如果没有特殊原因，这种偏见会持续到他们长大成人。

现实中有太多自以为是的人，他们觉得仅凭一个人的外貌就能推断出此人性格、职业、年薪、单身与否、未来前景，却意识不到这只不过是自己在过去积累下的各种偏见。

根据长相去推论性格是人类近乎本能的自然反应。这可能是人类在为了生存必须快速判断对方是敌是友的需求下，经过长年累月形成的思维惯性。毕竟在这种需求下，外表可以成为提供决定性依据的重要信息来源。心理学将这种现象称为内隐人格理论 (implicit personality theory)。内隐人格理论是一个人以以往经验为信息基础，并将其作为依据，凭借他人的一些特质去推论其行为表现的倾向。[18]

正因为这种先入为主的偏见，当发生可怕的案件时，人们会想象罪犯肯定有着和常人不一样的外表。如果从罪犯的外表上看不出什么特别之处，他们就会开始排查这个人的职业、宗教信仰、家庭背景、性别，甚至小时候上过的幼儿园，总之一定要揪出一个不同于常人的特别之处。原因呢？他们期待的一幕正是罪犯有着和常人不同的特点，只要仔细观察、多加注意，就一定可以提前发现潜在的坏人。并且，人们在这个可预估范围内才有安全感，才觉得自己不会被罪犯伤害。

不过，韩国犯罪受害调查 (2019) 的结果显示，加害者和受害者相识的案件高达78%~97.6%。由此不难看出，相比陌生和怪异的人，平凡的普通人犯罪的概率更高。2020年，震惊韩国的"高宥贞杀夫案"在案发之前，罪犯在邻居眼里一直都是平凡、温顺的女性。

尽管如此，每当令人发指的可怕案件发生时，人们都喜欢将犯人当成变态杀人魔。更确切地说，人们认为必须是心理变态才符合罪犯特性，并且认为这些心理变态者肯定有着与众不同的长相和行为特点。但事实上，并不是所有罪犯都是十足的心理变态者，而且经专家判定的心理变态者大多有着一副平凡长相，甚至一部分心理变态者在平时会被认为是"具有魅力的人"。创制"黑尔心理变态核查表"的罗伯特·黑尔 (Robert Hare) 博士将此命名为心理变态魅力 (psychopathic charm)，并描述心理变态者"绝不是被世人的舌头束缚"的人，而是"摆脱社会习惯的人"。**19**

这并不是说你我的邻居在未来某一天会突然变成重

案凶杀犯，所以从现在开始，我们必须警惕每个邻居。其实，重案凶杀案发生率明显低于我们所预想的程度。尽管越来越多的人感慨残忍的罪犯越来越多、世风日下，但从历史上看，当今无疑是死亡率最低的时代。我说的重点是，一个人的长相、穿着、职业、性别等因素，不可能成为这个人是否具有犯罪意图的有力依据。受害者预知罪犯的犯罪意图并提前做好自我保护，并不是件容易的事情。因此，一个人沦为受害者，也绝不是因为其判断力不够、不够聪明或者本性坏。

一个人沦为罪犯的目标，只是因为恰好那一天、那一时刻、在那里，他的运气差到了极点。我们之所以还没有成为受害者，只不过是因为我们比那一天、那一刻、在那里的那个受害者的运气稍微好一些。一起案件，并不是因为受害者给了罪犯有机可乘的机会，而是罪犯主观决定施行犯罪行为才发生的。多数人没有遭遇犯罪伤害、平安无事，并不是因为有多善良或者有多了不起，只不过是因为运气足够好而已。

协商，资本主义社会的面孔

有位受害者在我的咨询室接受了一段时间的心理疏

导，后来和加害者私下和解，接受对方500万韩元的赔偿后便没了联系。这多多少少在我意料之中。曾经有不少受害者，在接受被告的赔偿金后便失了音信。或许有人觉得，肯定是受害者拿到了足够的补偿金，才决定不再追究。但事实上，更多的可能是受害者无意识的超我觉察到了一种负罪感。弗洛伊德认为，超我是在与抚养人互动的过程中受内在道德原理驱动的精神能量。超我发育良好的人，无论褒奖与惩罚，都能按照正确的社会价值观采取行动，如果做不到，就会出现负罪感或羞耻感。

毕竟是资本主义社会，用钱来折算伤害赔偿似乎是很正常的事情。不过，接受了赔偿金并不表示外伤引发的压力症状会突然消失，不可能让因受伤无法弯曲从而导致不能工作的手指突然能够弯曲自如，也不能让痛苦的身心被治愈如初。虽然赔偿金能够减轻受害者因被伤害所面临的或大或小的经济困难，但仅凭这点赔偿金就认为受害者可以完全恢复正常，根本就是痴人说梦。

不过，大部分受害者会在接受赔偿金的同时，认为自己不再拥有被国家保护的权利。于是，他们在签订协商文件获取赔偿金、生出负罪感的同时，就主动放弃了维权。

其中一个原因是，虽然韩国是资本主义社会，但依然是鄙视拜金主义观念占据主导地位。持有这种观念的人，在接受赔偿金后，会觉得自己"为了钱和坏人同流合污"（很多时候因为讨厌这种感觉，他们会拒绝协商私了）。因为接受了这笔钱，他们会萌生出一种歪理，认为自己失去了仇恨罪犯的资格，于是拒绝本该享有的国家的保护和照顾。几乎所有协议书上的条款中都会包含这样一条内容，即不再追究罪犯的刑事责任。受害者本来就觉得自己吃人嘴短，这个条款更是彻底打消了他们争辩的念头，封上了他们的嘴。受害者表明不再追究罪犯的法律责任，是罪犯减刑的最为有力的依据。如果受害者没有在协议书上明确表明放弃继续追究法律责任，那么罪犯给赔偿金的可能性几乎很低。

大多数情况下，罪犯提供赔偿金，并不是为自己给受害者带来的痛苦表示诚挚的忏悔，只是其减轻罪行的手段。因此，当受害者不回应协商邀请时，罪犯依然会在法庭上极力强调自己为了协商有多努力。如果依然达不到目的，罪犯就会以在法院提交担保金[20]的方式极力向审判团证实自己为协商而做的努力，甚至会提供自己向受害者援助机构做出捐赠的收据。法院通常会认可这些，并将其视为被告努力尝试和解的证据，从而积极考虑减刑。

受害者在和罪犯协商后主动放弃受害者权益的另一个原因是为了减少自己的认知失调。大部分受害者并非因为宽恕了罪犯，而是出于现实的无奈，不得不同意与之协商。这样一来，受害者就陷入无法原谅罪犯但自己还要说已原谅对方的矛盾中，令自己认知失调。

认知，是指对周围环境或自己以及自己行为的认识和见解。当人处于与自己的认知不一致的内在状态（即认知失调状态）时，他们会自动将失调状态转换为协调状态，从而保持一致性。[21] 一旦同意协商，受害者会觉得协商已成为无法改变的事实，他们会尝试努力改变自己的想法和态度，却依然难免激起残留着的愤怒和怨恨。这时，他们会觉得自己不应再有这种仇恨心理，并因此感到自责。即使没有宽恕对方，但因为已经经过协商，他们也会觉得自己不再拥有憎恨的权利以及要求获得受害者应有权利的资格。

有一种现象值得我们关注，偶尔会有受害者帮罪犯签下免死协议，并且是没有赔偿金的那种，明确表示不索要金钱，也不追究罪犯的刑事责任。其理由很单纯，大多是担心如果不接受协商，自己会被恶意报复。可恨的是，在办案过程中，明里暗里威胁受害者不接受私了就会施行报复的情况并不少见，罪犯出狱后施行报复的案例也很多。之所以这样，纯粹是因为法庭会将受害者签署的不要求刑事处罚协议作为减轻罪犯罪行的依据。分析以往案例，我们可以总结出罪犯报复行凶的大致心理。

"我是犯了罪，但这都是因为我那时刚好控制不住自己，而受害者刚好就在那里。我是无辜的，本可以免受惩罚、减轻罪行。本想大人不记小人过，给他们一个协商的机会，可他们竟敢拒绝我。如今我被判重刑，都是因为他们拒绝和我私了。越想越憋屈。既然法律不能替我伸冤，我只能自己来了。"

受害者为罪犯签署没有赔偿金的协议书，另一个原因是出于对罪犯或罪犯家属的怜悯。一个高中女生被集体性侵后跳楼自杀，家属因为几个涉案人员年龄和女儿相同，考虑到那些孩子的未来，于是同意签署没有赔偿金的协议书。还有一个被熟人暴力致伤的受害者，由于了解对方的生活有多艰难，为了能让对方维持生存，便同意在没有赔偿金的协议书上签字。

我尊重受害者的这个决定。做出这个决定，与他们渴望尽快放下过去、尽早回归现实生活的内在需求相吻合。只是在提交协议书的瞬间，仇恨的对象会一并消失，受害者可能出现更强烈的自责感和虚无感，这时就需要心理咨询师进行干预，帮助受害者做足心理准备。十几年前，有一个来做咨询的性暴力受害儿童，由于加害者的亲戚一直反复道歉、恳求饶恕，受害者一时心软觉得对方可怜，他就说出了"我原谅你"的话，但随后却后悔了很久。事后他才知道，嘴上可以饶恕，但这并不表示心中的满腹仇恨和恐惧会随之消失。

并不是罪犯要求原谅，受害者就能彻底原谅。受害者嘴上说原谅了对方，并不代表其内心的伤痛能够自然愈合。这个社会好像过于苛求受害者去原谅罪犯，就连法院都会尽可能地给加害者与受害者足够的协商时间，以此来变相要求受害者去原谅对方，但人们依然会对最终同意协商处理的受害者投以不友好的目光，显露出厌恶之情，甚至赤裸裸地指责受害者是借着悲剧事件打算大捞一把。

因此，我想明确说一点，以我至少20年在受害者援助工作中目睹的现实情况来看，刑事犯罪的赔偿金额少得可怜，远比大众想象的低。而且，在多数案件中，提出赔偿协商的是加害者，多数受害者只是迫于对方的威胁不得已同意协商。偶尔会有受害者先提出协商的情况，但在韩国这个资本主义社会，谁又有资格去指责他们呢？

哑口无言的人们

刑事案件，特别是性侵案件，延迟报警的概率高于其他类型案件，这是一个大众普遍了解的事实。很大程度上源于受害者担心事情被揭发后，自己会遭受二次伤害。在影响是否及时揭发案件的诸多因素中，最常见的是年龄。年龄意味着受害者能否对所发生的事情有一个准确的理解、能否精准地做口头表述。年龄越大，受害者在预知揭发后果的前提下主动报警的概率越高。[22]

加害者和受害者的关系也影响着罪行能否及时被揭发。多项研究证实，在性侵案件中，如果加害者为受害者的家庭成员，揭发罪行的难度更大。[23] 这种现象被称为儿童性虐待适应综合征 (child sexual abuse accommodation syndrome, CSAAS)。[24] 根据这一研究结果，受害儿童被亲戚性侵时，除了对对方的恐惧，还会因害怕揭发案件后自己将要承受的后果而不敢揭露事实真相，陷入无助的感觉并表现出接受的样子。如果被性虐后很久再去揭发对方，受害者的陈述往往会缺乏说服力，或者受害者会因为心理压力而中途放弃陈述。

受害者揭发案件后监护人能否给予及时的回应，也是当事人决定是否揭发案件的决定因素。许多受害者会担心，一旦自己揭发对方，会引发家庭内部矛盾，于是就失去了揭发的决心。研究显示，有些受害者因为担心自己揭发案件会让父母手足无措，所以不想去揭发。研究专家指出，当受害者觉得自己所处的环境不够安全时，揭发案件后自己依然无法感受到足够的安全时，觉得没有人会认真倾听并相信自己所说的事情时，以及觉得说了也不会改变什么时，他们就会延迟揭发时间。[25]

心理和情绪因素与外部因素相互作用会阻止受害者第一时间报警，揭发性暴力犯罪行为。事件带来的羞耻感、自责、来自自己和他人的恐惧与担心……这些都是妨碍因素。一些研究结果也证实，责任感、自责、羞耻心、担心和害怕自己或他人可能因此承受不利后果、担心不会有人相信……种种因素和顾虑，是妨碍受害者及时揭发罪行的最重要因素。[26]

延迟揭发在家庭暴力、校园暴力、约会暴力 (dating abusive) 中也比较常见。这大多是因为受害者觉得即便是揭发对方，自己也未必能得到有效救助，甚至会因此而受到责难。出于这些担忧和顾虑，以及起诉后自己可能因为参与到刑事司法程序中而备受精神压力，受害者往往不会及时报警或起诉对方。

此外，非性暴力事件受害者并非始终都能得到受害者应有的尊重，有时反而会因为案件真相而遭受质疑。曾有位女性被陌生醉酒男性强行拖走，拼命抵抗时被对方用力打了一巴掌摔倒在地，牙齿破碎。可是在审理过程中，这位女性被描述成因为讹钱才被打倒在地，不小心踩空才会磕到牙齿，她现在只是在演戏。最终，罪犯承认打了受害者一巴掌的罪行，但受害者摔倒在地并不是打一巴掌直接导致的，所以他不承认最初被起诉的伤害罪，尽管远处的监控器拍下了罪犯向受害者动手导致受害者在下一秒摔倒在地的情况。

有时候还会出现罪犯以双方暴力、侮辱罪、诽谤罪等名义起诉的情况。这是因为，恶人懂得这种方式可以有效地打击受害者，与事实真相无关。这时，受害者除了受害者的身份，还多出了嫌疑人的身份，会在相当长的一段时间内被刑事司法程序牵着鼻子走。在这个过程中，尽管身为受害者，却被当成嫌疑人来对待，这就导致受害者对世界的怨恨和愤怒情绪迅速高涨。

这些因素不但会让受害者犹豫而不愿立刻报警或起诉，甚至会成为他们撤诉的主要原因。从现场经验来看，受害者对起诉有顾虑，或者事发很久后才起诉的原因多种多样，大部分并不是因为他们在撒谎（没有受害者应有的样子，急切需要通过起诉讨个说法），而是想到一旦参与到刑事司法程序中，自己将遭受各种心理压力，就产生莫大的担心和顾虑。

以牙还牙

电影《亲切的金子》于2005年上映，获得了很高票房。金子蒙冤坐了13年的牢，刑满获释后她制定了一项严密的复仇计划。在这部电影之前和之后，出现过不少以个人复仇为题材的电影、电视剧、小说，现在可能还有不少作家依然在策划以复仇为题材的作品。

人们为什么对复仇主题如此感兴趣呢？

无论是创作作品的人，还是观看的人，他们其实明明知道社会是严禁私人复仇的。我觉得很大的原因，是社会对加害者的处罚过轻，不足以平民愤，因此复仇题材的作品才会有一席之地。人们对韩国司法机关"有钱无罪，没钱有罪"的做法越来越失望，对法律在执行过程中的公平性、正义性产生越来越多的怀疑。

"以牙还牙"是典型的因果报应价值观，是深深扎根于人类集体意识中的核心信念。如果不能笃信"得到多少就要还回多少"，人类就无法在错综复杂的矛盾中形成共同体、共处和发展。因此，无论是《汉谟拉比法典》还是《圣经》，都涉及因果报应规律。当然，这种规律绝不是唆使人们"如果吃了亏，就要去惩罚对方"，只是强调要按照"受的同等量"还给对方，以此来防止过度报复。可是，每当"不公平""冤屈"的事件发生时，这句话还是会被人们想起，勾起人们的复仇欲望。

几年前，用凶器杀人的罪犯的父母曾提出被死者家属威胁，请求人身保护。当时，我是重案组受害者心理援助专家机构的负责人，对方希望能紧急入住我所负责的机构。接受委托的警察讲述了大致的情况。

"凶杀犯父母为了减轻罪行，让孩子少判几年，开始在周围散布谣言，试图把责任推给死者。死者的父亲气愤不已，找到罪犯父母家，用脚踹开大门，一直大喊着要让他们偿命。这让他们觉得自己的生命受到了威胁。"

这件事情最后的处理结果是，给予死者家属罚款处罚，并在罪犯父母住家附近安排巡警巡查，给予保护。这是因为私人复仇行为是不被允许的。

我在支援现场目睹过不少类似情况。有位父亲在知道孩子被校园暴力伤害后，找到其中一个加害者的家，在理论的过程中破坏了人家的物品，因此被告发，被处以罚款。有位母亲，在和别人谈论其子女被性暴力的事情时，谈及对方的真实姓名，也因此被起诉，被处以罚款。还有一个人，因罪犯闯入家里杀害了同居女友，在与其争执厮打的过程中致其死亡，因此被起诉故意杀人。经过长达两年的调查，他才被认定为正当防卫，控诉最终被撤销。但在此期间，这位遗属失去了为同居女友哀悼的机会，甚至被烙下杀人犯的印记，被大家排挤。后来，他又因为事情被媒体歪曲并传播开来而受到不该有的责难，收到许多恶意留言，深受折磨。

鉴于这种现状，许多受害者在对司法部门的最终判决不满时会萌生出"复仇的幻想"。其中，杀人案、碎尸案、抛尸案这类残忍案件的受害者的复仇冲动更加强烈。有位失去孩子的母亲，在我这里接受治疗时提到自己存了一笔利息还不错的存款。说到这些时，我第一次看到她露出浅浅的笑容。她说，这张存折的到期时间刚好是罪犯刑满释放那天，她要在那天雇个杀手，在监狱门口让罪犯偿命。

除了一句简短的"哦"，我还能说什么？只能是点点头来表示我对她的同情和理解。对她来说，可能这种幻想是唯一的安慰，而事实上，受害者或者其家属很少能将这种复仇的幻想变成现实。

很多受害者心中强烈的愤怒和复仇之火会在时间的流逝中一点点消散，甚至有些人能带着这些创伤重回现实，重新面对生活。这并不是因为罪犯为受害者施加的痛苦有多轻微，只是因为受害者心地善良，他们没有让自己满腹的复仇欲望演变成现实中的另一种犯罪。

有些受害者在很久之后依然无法摆脱心理阴影，甚至时间越久，他们的生活越糟糕。他们之所以恢复缓慢，并不是因为他们没有变好的意愿，而是有第三方因素在干扰他们进行自愈。他们还需要时间，还需要等待。

小结

发生重大案件时，除了救援人员、119急救人员、受害者指定律师之外，大部分人只关注案件的残忍和血腥程度，考虑如何才能让自己避免成为类似案件的受害者。至于案件的受害者，很容易被忽略甚至被遗忘。但对受害者来说，案件导致的心理创伤会持续数周、数年，甚至数十年，还会以闪回[27]、噩梦、侵入性思维等形式笼罩着他们。案件发生后，每个人的恢复过程差异太大，有许多状况就连经验丰富的咨询师都无法预测。这正是咨询师劝告大家不要随意对受害者说"我理解"这句话的原因。

人们没有多少耐心，总喜欢仅凭媒体或传言获取的只言片语（甚至是歪曲的消息）就形成对受害者的误解和偏见，甚至在毫无理由的情况下随意给对方贴上各种标签。可能人们做梦都不会想到，在不远的将来或遥远的未来，自己可能也会不幸沦为重大暴力案件的受害者。那时，自己也可能同样被人贴上标签，成为悲剧的当事人。

尽管国家为了预防罪案发生做了种种努力，但在罪犯决心犯罪的那一刻，任何人都可能成为重案受害者。这也是我们急需给予受害者更多的关注和帮助，确保他们作为我们珍贵的身边人继续生存下去的原因。这个理由既是自私的，也是极为现实的。作为正常而健全的人，我们要懂得接受个体差异，懂得尊重和认可他人的为人，[28]放下对重案受害者的误解和偏见，允许他们有与我们不同的行为方式。这样做不仅仅是为了受害者，也是为了我们赖以生存的这个社会大家庭的健康与健全。这是我们必须完成的使命。

第三章

小小的尊重与关怀
大大的力量与改变

在接受讯问调查时，我很难去回顾案件，中途甚至不得不去洗手间干呕。想到必须要挺过这一关，我尽量压抑着情感，尽可能冷静地去陈述案件发生的过程。不知道当时负责调查的警官是不是觉得我有病，他说我没有一丁点儿受害者应有的样子，并对我凶起来。

——摘自性暴力受害者的陈述

2008年12月，赵斗淳事件发生时，我已经在性侵儿童援助机构工作了四年多。案发后，为制定受害者援助计划，大家开了个碰头会。面对受害者身上残留的罪犯的可怕残留物，我们一时间失去了说话的欲望。有人想到当时受害者可能遭遇的痛苦，顿时红了眼眶；有人只是看向远处的天空发呆；有人双眼早已发红，忍不住冲着罪犯骂骂咧咧，愤恨离场。由于罪犯主张犯罪当时自己醉到不省人事，法院做了从轻处理，只判了12年，愤怒的民众炸了锅。也正因为这起案件，法院不再把醉酒作为减刑依据。可是，在性侵案之外的其他案件中，醉酒依然作为主要的减刑依据。于是，一直有市民在韩国民声平台"国民申闻鼓"上提交取缔此项规定的请愿书。

进入近代社会，随着国家共同体的建立，国家掌握刑罚权，统一处罚罪犯，同时肩负起保护国民免受犯罪伤害的责任与义务。如果是按照原则办事，为了体现正义的存在，国家有义务确保受害者在刑事司法程序中全程受到尊重，享受应有的待遇。[1] 不同于罪犯可享有以无罪推定原则为前提的申辩权和参与办案过程的权利，受害者长期以来都被当成罪犯量刑的信息提供者，甚至被视为潜在的诬告者，而不是作为刑事案件的当事人。[2] 罪犯可以以案发当时喝了酒为由减轻罪行，而受害者却会因为同样的理由被质疑，引发受害者诱发论。

2005年，随着韩国《犯罪被害人保护法》[3]的制定，至少在法律上，受害者有了参与搜查和审理过程的权利（依据该法第2.3条、第8条等）。但直到我撰写这本书的今天，我在第一现场遇见的那些受害者的处境与之前并没有什么差别。在刑事诉讼过程中，受害者依然被当作证人看待，而不是当事人。

在刑事司法办案过程中，各部门负责人的思维模式与大众的思维模式并没有太大区别：平时能够接纳并认同他人的非合理性思维倾向，他人做错事情时也能宽容大度地欣然原谅，可一旦有人沦为受害者，他们就会要求对方每时每刻都能做出合理、理性的判断，并遵循常理做出应对。一旦对方的反应与自己的期待有所出入时，他们便怀疑对方的真诚度。这一现实状况与受害者在刑事司法程序中所处的劣势地位相结合，就容易引发二次伤害。下面我举几个例子，详细介绍一下受害者在刑事司法程序中的经历，以加深大家对这一问题的理解。

小小关怀，让调查过程不那么煎熬

报警

拨打112（韩国报警电话）后，我急促地告诉接线员："有人快死了，请尽快派人来帮忙。"接线员沉着地告诉我："您先别着急，我们会立刻派案发现场附近的派出所警察赶到现场。他们会很快赶到。不要着急，请保持冷静。"多亏了这番话，我心里好像确实平静了不少。

——摘自暴力致伤案件目击者兼受害者家属的陈述

很多案件都是受害者或目击者拨打112报警之后，侦察机关再去受理的。112接线员的立场和态度非常重要，可以给受害者打预防针，帮助受害者有勇气面对痛苦的刑事司法办案过程。受害者普遍反映，如果报警后第一位接线员以沉着冷静、鼓励的语气回应自己的话，自己会感觉得到了莫大的帮助。[4]

接线员训练有素的专业态度会让报警者看到即将被救助的希望，也会提升他们的安全感，觉得自己被这个国家很好地保护着。相反，如果接线员处理不当，试图说教甚至怀疑报警者在拿报警电话开玩笑，表现出漫不经心或露出不屑的样子，就会激发受害者的挫败感，加重犯罪案件带给他们的冤屈感和愤怒感。

出警、现场调查

警察在出警过程中一直给我发来短信，告诉我当前他们到了哪里、现在会走哪个方向……警察到达现场时，我还惊魂未定，有个警察贴心地递给我一瓶饮料，暖暖的。而且，他特意把我安排在玻璃隔断房间里，让我平复下来，能安静地捋一下思绪。你知道人在受到惊吓时一个人待着会好一些，而不是有人一直在旁边说着什么。

——摘自暴力致伤受害者的陈述

没想到我打完电话，警察马上就赶了过来，问我需要什么。我说想立刻到安全的地方，他们就把我带到了一个能让我感到安全的地方。当我拿出所有证据时，他们又帮我把这些证据材料装到带拉链的档案袋里，非常细心体贴。

他们还特意避开其他人，帮我煮了茶水递过来，提醒我再次确认是不是带齐了所有证据材料，并递给我一张名片，让我有需要的话随时联系他们。这一切让我感到平静许多，因为有了他们。

——摘自特殊强奸致伤的受害者的陈述

接到112报警电话后，警察会出警，来到受害者所在地点。据统计，在出警人员赶赴现场的过程中，警察的这些举措会让受害者感到平静，情绪稳定下来：保持短信联系，安抚受害者；允许受害者尽情发泄和表达；到达现场后，立即将受害者转移到安全地点；给受害者独处时间，让其有整理思绪的时间；帮受害者联系至亲或好友，陪在其身边；主动提供水或饮品等必要物品；主动说明现场调查后下一步办案程序；留下联系电话并告知受害者任何时候都可以联系他们。[5] 警察的这些行为会让受害者感到警察尽职尽责的办案态度，给受害者一种专业、值得信任的感觉。

但并不是所有受害者都能遇到富有同情心且能提供恰到好处的帮助的负责任的警察。在一起强奸案中，出警警察到达现场后毫不掩饰地抱怨"鸡毛蒜皮的事也要大惊小怪"，并表示出警耽误了自己最近负责的一起杀人案。

再说说另一起案件：案发时，受害者的孩子目睹了母亲被杀的一幕，仓皇逃到街上，刚好看到正在执勤的巡警车，便上前求助。警察在得知情况后并没有加快车速，依然缓速驾驶，到达现场后也只是将双手插在胸前，感慨着现场的血腥可怕，未采取任何措施，甚至在家属忙着做心肺复苏并请其帮忙打119叫救护车时斩钉截铁地拒绝了他们。

当然，这样的状况也许只是极少数。对受害者在警察出警过程中遭遇到的二次伤害，有人会安慰道："没办法，只能怪运气太差了。"可是，在一个法治国家，当一个公民遭遇犯罪伤害，期待国家相关机关伸张正义、出手援助时，难道他们还要依赖自己运气的好坏吗？足够坏的运气已经令他们沦为罪犯的猎物，难道在期待国家司法机关行使刑事司法职权时，也要让他们先祈祷一下自己有个好运气吗？哀莫大于此。

起诉

在展开搜查时，首先需要搜集犯罪证据，这个证据通过警察的搜查、罪犯的自首、报警、申诉、起诉、揭发等途径收集。受害者拨打112报警时，警察应立即赶到现场为受害者做陈述记录，随后由指定的警察负责案件，开展搜查工作。受害者普遍认为不需要单独再写一份起诉状，一切交由负责的警察即可，但事实上，如果不提交起诉状，案件就会被划归为举报形式的自诉案件，而不是按公诉案件来界定。在普通人的意识中，无论是举报形式的自诉案件还是公诉案件，都应该由警察展开调查并处罚罪犯，两者之间不存在什么区别。但是从受害者的权利来看，这两种形式有着相当大的区别。

起诉是指起诉人向检察机关揭发凶犯的犯罪事实，请求检察机关惩罚罪犯；而举报则是单纯地告知警察发生了某起案件，任何人都可以报警，并且可能不会特别提出处罚罪犯的要求。因此，当案件并未被受理时，公诉案件可以申请抗诉、二次抗诉[6]与重新审理[7]，要求检察机关重新判定是否受理起诉，但自诉案件中的受害者却没有这项权益。[8]另外，韩国《刑事诉讼法》第257条规定，起诉案件需要在三个月内处理妥当，自诉案件则没有这一限制。而且，公诉案件会在结案后将结果以书面形式通知起诉人；而自诉案件，除非是自己申请，否则检察机关没有通知的义务。因此，警察在办案过程中有必要主动向受害者讲明举报和起诉之间的差异，以及抗诉权等事项，但大部分受害者由于没能获知这方面的准确说明，没有提交起诉状，最终自己吃了亏。

从决定起诉到拟定诉状，这对受害者来说是烦琐而辛苦的过程。许多受害者表示，在与负责案件的警察进行沟通时，警察并没有热心周到地做出信息提示、程序说明和法律援助。曾有个警察在收到起诉状后，让处于惊恐中的未成年受害者独自回了家；当受害者语无伦次、无法清晰明了地讲述报警意图时，有的警察会表现出不耐烦；有的警察会反问受害者"有证据吗"，让受害者一时无言以对，只能离开；有的受害者因为听到警察冷不丁说了一句"你知道诬告罪有多严重吧"，莫名感到恐慌和压力；有的警察甚至会说"像这样的案子，就算是报警起诉判罚也很轻，何必折腾呢？"，听得受害者牙齿打战。

的确，没有证据很难惩罚罪犯，诬告罪的代价也确实很大。而且，就算在一番艰难的法律对决后，罪犯得到了应有的惩罚，惩罚力度也可能远远达不到受害者的期望。从这一点来看，警察在接待受害者时说的那些话未必是在吓唬对方，而只是为了告知其办案过程中可能遭遇的一些瓶颈和难题，是有一说一的现实忠告（事实上警察们会解释，在自己的立场上他们只能善意地说这些话）。

但我们要知道，受害者是经历了多次纠结和矛盾后才鼓起勇气决定起诉的，并且深信一旦起诉，警察就会代替国家帮助弱势者处理所有的事情。他们希望警察能对自己说一句"我们会全力保护你的权益，将你的损失和伤害最小化"，深信警察会通过科学手段亲自收集证据，而不是问他们是否有证据；深信警察会用心倾听他们的倾诉，而不是怀疑他们有诬告嫌疑；深信警察会理所当然先考虑受害者的安危，而不是考虑处罚力度是否得当。

相比受害者的满心期待，如果警察的关注点只在于"如何省事"上，并说一些冰冷的大实话，这无疑是在往伤口上撒盐。在受害者的意识中，警察意味着国家权力的代理行使人。即便警察的初衷是做善意的提醒，但如果他们不加任何过滤地传达现实信息，就会让受害者感觉自己"身为受害者，却得不到国家的切实保护"。

有一个男子，几年来一直在国外工作，但从某一天开始他突然与老母亲断联。这位母亲报了警，搜查工作进展得非常慢。焦急万分之余，这位母亲在当地雇了私人侦探，千辛万苦地将找到的孩子的残缺尸体带回故土。对这件事，老人始终无法释怀，于是前来咨询室，接受心理疏导，表示对报案后警方在受理过程中的不到位、不及时、隐瞒相关信息、态度冷漠不友好等行为非常心寒。在倾听了这位母亲的诉说后，咨询师给予了同情和理解，并且讲解了心理咨询的申请步骤，还引导她进行深呼吸等练习，以平复她激动的情绪，从而帮助她恢复最基本的掌控感。

道别时，咨询师还在便签纸上仔细地记下了下次心理咨询的日程安排，交给这位母亲（很多受害者在经历打击后会变得健忘）。

令人意外的是，这位母亲第二天去警察局，向办案人员投诉心理咨询师的态度蛮横、冷漠，毫无同情心，自己非但没能在心理咨询机构得到任何有效的帮助，甚至没有预约到下次诊疗的时间，她感到愤愤不平。在受害者援助现场，这类事情并不少见。原因是什么呢？

在经历过可怕的案件打击后，在受害者的意识中，自己身边充满了怀有恶意的人，世界成了一个危险的空间。他们犹如刺猬一般警惕，时刻保持着防备心理，变得异常敏感和神经质。原本平时可以一笑而过的玩笑话、随意的一两声咳嗽、不经意的擦肩而过，都会被受害者认为是带有蓄意攻击性的行为，是对自己的嘲笑和讽刺，就连办案人员例行公事，为收集必要信息才做的讯问和调查也不例外。好在大部分受害者的这种症状会随着时间的流逝慢慢缓解，受到刺激而受损的大脑会重新恢复正常，他们会一点点重新找回曾经的和蔼亲切的状态。这位失去孩子的母亲，后来逐渐恢复了平日的状态，找回了往日的沉稳与慈爱。多年后的一天，面对办案人员时，她可以毫不吝惜地说出鼓励的话语，是一派暖心又睿智的长者风范。

如果不深入了解受害者的这些心理特点，我们就很容易对他们产生错误判断，认为他们原本就是品质恶劣、刁钻苛刻、爱欺负人、说起谎来毫无负罪感的人。不仅警察经常产生这种认知偏差，就连受害者援助机构中的工作人员也会经常产生这种认知偏差，事与愿违地对受害者表现出冷淡、抗拒的态度，甚至有时会带有攻击性，给受害者造成严重的二次伤害。受害者在案件发生后不得不接触办案人员，走必要的法律程序，而恰恰是办案人员的这种态度，给受害者带来了更强烈、更持久的二次打击。

善意唯有在接受的人自身感受到善意时，才能称为善意。尤其是警察，在罪案搜查领域，他们是专家，因此他们提供给受害者的信息并不是自己想给的信息，而应该是受害者需要的信息；也不是生硬地将这些信息提供给受害者，而应该细致全面、饱含悲悯与同情、恰到好处地提供。难道不应该是做到这种程度，他们才配得上专家的称呼吗？

死亡通告

当时手头上正在忙，有个陌生电话一次又一次打进来。本来没打算接这种电话，但对方一直不停地打进来，只好接听了一下。"请问是金某某的父亲吗？"我说："是。"对方告诉我孩子正在医院抢救室。我的第一个反应是诈骗电话，当即生气地挂断了。但很快，孩子妈妈也接到了同样的电话。突然，一种不祥的感觉一闪而过。我们顾不上开车，打了个出租车就火急火燎地赶到医院，却被告知孩子于案发当场已经死亡。

——摘自凶杀案遗属的陈述

在一起命案中，家属既不是共同受害者也不是目击者，由警察通知其亲人死亡的消息，即死亡通告。至亲因遭遇凶案而身故，这无疑会给一个家庭带来致命打击，给这个家庭蒙上深重的心理阴影。正因为这个原因，死亡通告必须确保考虑周全、体现人文关怀、细致周到。一些国家非常重视这一环节，除了对调查官进行专业、系统地死亡通告训练，还会编写出各种相关的指南手册。

死亡调查领域专业社区验尸官谈话 (Coroner Talk) 告诫，除特殊情况，检察机关应派出至少两名训练有素的调查官，第一时间赶赴受害者家属所在地，当面将死亡消息通知给家属，以防家属在听到噩耗后出现意外反应。即使地处偏远，也应严格遵从亲自上门通知的原则，而不是以电话方式通知噩耗。万般不得已的情况下，不得不电话通知时，应提前提醒家属此次通话内容的性质，并确保身边有其他人陪同，从而保证出现突发情况时能及时采取应对措施。

在死亡通告过程中，最为重要的是，应抱有怜悯和人文关怀的态度。专家特意强调："记住，作为死亡通告人前去宣布噩耗时，你最需要携带的是一颗悲悯之心。"另外，死亡通告宜简约、直接。负责通知的办案人员应该提前确认遗属和亡者的关系、遗属的健康状况、遗属是否为需要照看的老人或年幼的子女等，以避免其他状况的发生。应如实回答遗属的提问，切忌擅自传达非必要的，甚至可能引起误会的、加重打击的信息。

宣读死亡通告后，应允许家属发泄情绪，严禁说"也许人还活着"这种让遗属抱有幻想的话，也不可以说"天意难违""我能理解您的痛苦""他应该去了更好的世界"这种话。虚假而令人抱有幻想的信息会影响家属认清死亡现实。而且，除非是当事人，没有谁真的能够理解失去家人的痛苦。这是不可能的。

负责死亡通告的警察直接离开现场是非常危险的事情。警察应该联系遗属的其他亲人或朋友，来帮助因为噩耗而深受打击的遗属。对遗属提出的问题，警察应尽可能给予充分的回答，提供必要的援助。需要辨认尸体时，警察应尽可能地给遗属看清理妥当的、完整的亡者遗容。是否需要辨认死者身份，也应让家属来选择。

家属接受死亡事实以及遗物交接等工作通常需要几天。因此，在做死亡通告时，警察严禁携带遗物。家属可能会在某一时刻提出确认遗物的要求，这时可以将遗物回收步骤告知家属。在把死者遗物返还给家属时，最忌讳的是用垃圾袋似的袋子装上遗物交给他们。大家可能会想：怎么可能会有人犯这种低级错误？但事实上，确实有过把遗物装在黑色塑料袋里还给家属的事例。

曾经有一位老人遇害，家属在一个月后收到了警察交还的遗物袋。当家属打开口袋查看里面的物品时，一股刺鼻的恶臭扑面而来。袋子里面是老人死亡时穿过的沾血的衣服。这次事件后，尽管没有查出任何医学上的原因，家属还是从此完全失去了嗅觉。

最近发生了一件激起民愤的事情。警察在接到紧急出警的命令后到达现场，却以领导背手的姿态来回在现场踱步。报道称，家属是在受害者死亡一天后才接到警方迟来的电话通知，被告知至亲已死亡。家属为此愤愤不平，悲痛不已。[9]

从这些事件中不难看出，在韩国，警察一般都以打电话等生硬、走流程似的方式通知家属，有时甚至连态度和措辞都很冒失无礼。当然，并不是所有警察都如此，有时也会由两名警察组成一组，亲自登门通知死亡消息，全程注重细节，比如拿出应有的同情心、细节工作严谨到位，必要时会亲自用警车护送家属前往殡仪馆，确认死者的尸体。

突然听到至亲死亡的消息，这应该是一生中最为痛苦的瞬间吧！直到死去，这也许都会是人的一生中无法忘却的绝望瞬间。正因如此，才要特别留意死亡通告的方式。即便仅仅是一个通知，也不能贸然对待。对警察来说，凶杀案致人死亡只是一起需要面对的案件和工作任务，但对家属而言，受害者是自己用生命去捍卫的无比珍爱的人，是自己生命的全部。

在我的咨询办公室的墙上，有一些家属因为不知道该怎么处理而前来托管的遗物，比如死者的鞋子、衣服、照片等，种类多样。有些家属希望清除亡者的所有痕迹，也有一些家属很怕丢掉亡者生前的印记，恳请我们帮忙保留一切。还有一些家属，尽管舍不得清除亡者生前的印记，但是每当看到这些印记时都会睹物思人、悲痛万分。为此，他们会把遗物交由我托管。当他们不知道该怎么处理遗物、为此苦恼不已时，我会把我办公室墙柜的一个隔间留给他们，等到他们能够面对并考虑好如何处理这些遗物时再取走它们。对遗属来说，面对和处理亡者的细微痕迹都是令他们无比崩溃的。案件发生后，受害者家属所面对的第一个办案人员的关心有着非常重要的作用。这份关心能让他们觉得，尽管失去了至亲，但这个世界依然值得拥抱，值得他们活下去。

调查过程

重案组办公室很小，门上配着锁。从外面进去要打开一层层门锁。这让我内心踏实许多。因为我知道那个混蛋肯定不可能追到这里面来……

——摘自特殊强奸案受害者的陈述

1. 受害者的地位

在刑事案件中，罪犯处于当事人的地位，而受害者处于证人的地位。在证据确凿的情况下，在办案过程中，受害者可能没有充分陈述的机会。更令人难以置信的是，案件有时甚至在没有对受害者进行充分调查的情况下就直接开始审理。比如有一起暴力事件，受害者一直等着检察机关进行调查，可在一段时间之后他直接接到了案件即将开庭审理的通知。一审过程中，受害者在旁听时获悉，诉状仅凭罪犯一人的陈述整理而成，令他措手不及。

　　还有一位遗属，其弟弟在一起凶杀案中被害。由于一直没有警察或检察机关主动前来要求协助调查，便以为案件会按照程序按部就班地展开调查，直到看到诉状他才知道事情偏离了真相，呈现出另一个版本：弟弟成了强奸未遂犯，而真正的罪犯（被告）却成了阻拦强奸案发生的正当防卫，是过失杀人。幸好在二审时，诬告其弟弟强奸未遂的女当事人的证词被判定为伪证，弟弟才总算洗清了强奸未遂的罪名。可即便如此，罪犯最终还是被判为过失杀人，而不是应得的杀人罪。

　　当证据不足时，受害者被叫去调查的次数一点儿也不比嫌疑犯少，甚至有时比嫌疑犯还多。在讯问过程中，倘若调查官怀疑受害者有诬告嫌疑，还会问一些刁钻、让人难堪的问题。受害者要做好被提问的心理准备。通常在这个时候，受害者暂时会被强制赋予"诬告嫌疑犯"的身份，但又因为不是绝对意义上的嫌疑犯，所以无法像真正的嫌疑犯那样，得到法院指派律师的帮助。

　　2. 对受害者的调查方式

　　案件发生后，对受害者来说，最重要的是能够立刻感觉到"被安全地保护着，不会受到罪犯的伤害"。为确保这一点，办案人员应该安排受害者在与办公室分开的单独的讯问室面谈。除性暴力案件、儿童或残疾人为受害者的情况之外，受害者参与调查时所处的环境应无差别。

因为讯问场所是在警察局，所以会有其他警察或其他嫌疑人、受害者来回走动，我的陈述很有可能被其他人听到。再加上有些刑警从外面走进来，开口就问："呃，这是什么案件？"负责案件的警官就会当着我的面回答"情侣间暴力事件"之类。对方听了之后"哦"一声，然后就走了。有些刑警会说一句"下次找男朋友要擦亮眼睛啊"之类的话。我恨不得立马离开。

——摘自暴力伤害受害者的陈述

除非有特殊情况，否则受害者在警察局接受调查与嫌疑犯接受调查是同一场所，甚至有时受害者和嫌疑犯会同时接受讯问。在调查过程中，有时会有不相干的警察突然路过，甚至冷不丁地插上一嘴，随意说教和训斥，甚至责备受害者。有个凶杀案遗属曾经历过警察当着家属的面互相交换和谈论案件的重要证据，并没有采取必要的回避措施的情况。

我是在警察办公室接受的调查。重案组警官拿来一个纸袋，里面是灭火器、刀、水瓢，我还以为他买了一些他用的东西。只见他把东西一个一个取出来，递给正在向我问话的警察，说这些都是证据。突然看到这一幕，我顿时有想吐的感觉。

——摘自凶杀案遗属的陈述

3. 信息可访问性

由于受害者的身份是证人，而包括受害者陈述书在内的大部分资料只能给嫌疑犯阅览，因此受害者会受到种种限制，无法知晓嫌疑犯是否在哪个细节上动了手脚或者撒了谎。当受害者提出申请时，刑事司法机关可以提供案件处理结果、开庭审理记录、判定结果、罪犯的囚禁情况（调查、审理过程中拘留或释放）等相关信息，但这些都是案件审理结束后的处理结果。等到案件完结再拿到这些信息，受害者能做的只有接受，什么也改变不了。

受害者关注的不单单是案件处理结果，整个办案程序和步骤是否合乎规定、是否公正公平，也是他们非常在意的因素。当受害者认为办案程序具有应有的公正性时，即便与自己的期望有些偏差，他们也会接受最终判决结果，摆脱心理阴影的速度也更快。这正是受害者在确保其自身安全性的前提下，应以主体身份参与到刑事司法程序中的重要原因。

4. 求证调查权

求证调查权是公安机关和检察机关特有的权限，民间人士收集的信息再准确、再重要，都不会被采纳为证据，可警察依然会常常询问受害者，尤其是向性暴力受害者索要证据。当受害者的主张和嫌疑犯的主张相反时，警察甚至会要求受害者说明其理由。如果受害者不能提供合理的理由，就会被施压称将按照诬告罪对其进行处罚。这时，大部分受害者都会对办案人员甚至刑事司法程序有所怀疑，这严重影响了受害者的心理恢复进程。

我这辈子哪去过什么警局啊！总得懂点什么，才能想起该问什么。一无所知，只能是人家让做什么就做什么，还以为这样就不会错。但事实证明，根本不是你想的那样。你要是觉得不用自己亲自跑腿儿，国家就能替受害者把事情办理得妥妥的，那就错了。

——摘自性暴力受害者的陈述

不同于我在受害者援助工作中了解到的数据，刑事政策研究院发布的韩国犯罪受害调查 (2018) 的结果显示，在暴力受害者中，有93.2%的受害者表示，警察在办案过程中为他们提供了案件处理程序的相关信息。此外，54.8%

的受害者表示完全理解了警察提供的信息，剩余45.2%则表示基本理解，仅有2.8%的受害者表示不满警察的办案结果。

第一现场获取的信息和官方调查结果为什么会不一致呢？首先，韩国犯罪受害调查的调查对象为全体国民，其中就包括没有报警的受害者。如果被认定为调查对象，但本人拒绝参与调查，那么这个调查对象就会变为其他人。比如，在案件中受到重大打击的受害者，或是在刑事司法程序上受到严重二次伤害的人，参与调查的可能性就不高。其次，如果调查对象被犯罪伤害的程度不高、遭遇心理打击较小，或是容易满足的性格，那么也有可能造成调查结果出现偏差。好在根据这份报告书和现场办案人员的反馈，韩国国民对警方的满意度在逐渐提高。

现如今，依然有很多受害者在案件调查过程中承受着本应可以避免的痛苦。为此，我们有必要构建起一套更有效、更健全的机制，以确保受害者在调查过程中得到更加全面有效的保护。

5. 漫长的调查期

在调查期间，让受害者备受煎熬的另一个因素是调查时间过于漫长。原则上，检察机关应至多在6个月内决定是否起诉并进行一审，但由于各种原因，整个过程经常会拖延很久，甚至会出现由于检察机关人员变动、交接工作不到位而导致案件调查中断的情况。受害者举报1到2年后才能确定案件是否起诉的情况很普遍。最近，我约见过一个女高中生，她之前起诉了亲戚性侵，直到4年后她才被通知以一审证人的身份出庭 (女孩当天就撤回了所有受害者陈述)。

6. 受害者接受调查的频率 (次数)

检察机关在调查频率上应追求次数最少化。之所以这样做，是为了避免多次调查可能给受害者造成的二次伤害，因为次数过多的调查会加重受害者的痛苦和压力。但事实上，大部分受害者都表示，只要确保他们不受到二次伤害，他们就不怕办案人员一次又一次地讯问案件中的相关细节，也希望能把自己想说的、了解的统统讲给办案人员，以确保案件调查工作能正常和公正地开展。在实际案例中，相比没有感觉到自己被赋予充分陈述机会的受害者，那些切实感觉到自己被赋予充分陈述机会的受害者的恢复速度更快，并且与审判结果是否符合个人期望无关。[10]

从保护受害者的立场来看，重要的不是调查次数 (频率)，而是调查质量。鉴于之前的工作经验，哪怕只是一次调查，如果没有考虑到受害者的特性，只是做流程式的调查，都有可能引发严重的二次伤害。相反，就算是多次讯问和调查，只要能切实保护好受害者的隐私，秉着同情、关怀的原则进行讯问，对受害者就是有益的。

7. 办案人员应有的素质和专业性

不是所有办案人员都是二次伤害的加害者，也不是某一个办案人员会对所有受害者都施加二次伤害。受害者本来就因为心理创伤而变得异常敏感和焦虑。在接受调查过程中，这种敏感和焦虑会以更夸张的方式表现出来。当然，熟悉和习惯了拘禁与审讯犯人的办案人员会在调查过程中顾及受害者内心的脆弱，但这并不是简单的事情。

其实，这并不仅仅是警察和检察官的问题。记得在几年前的一次研讨会上（主题是如何构建和激活受害者保护体系），有位专家曾到劳教所针对强奸犯开展劳动改造项目。他说道："我觉得有个问题挺严重的。在劳教所，有不少罪犯向我倾诉自己根本没有对任何人施加性暴力却被判了有罪。我知道一个罪犯的话不可信，但是他们都是服刑人员，没必要对我撒这个谎。如果不是感到特别冤屈，谁会旧事重提呢？我认为，应该加大办案和审判的工作力度，避免发生冤案、错案，不冤枉任何一个无辜的人。"

当时在场的人都大吃一惊，现场甚至持续了数秒死一般的寂静。我们确实不敢保证在监狱中服刑的人绝对没有被冤枉、错判，可真正令我不可思议的是，这个专家几年前还是性暴力受害者的权益拥护者。仅仅几年时间，是什么让一个人的立场发生了如此大的改变呢？

最大的原因是"错误的共情"。当他过于同情强奸犯或沉浸于强奸犯的立场时，他就失去了看待事情的客观性和中立性，不知不觉间被那些劳改犯所感染和"驯服"。虽说共情是心理咨询工作乃至一切人际交往中必不可少的能力，但失去了客观性和中立性的共情，就只能是偏袒。这种共情绝不可能促使一个人真正改变和成长，也不可能将问题合理地解决。

与此相反，过于执着于中立和客观，则很难兼顾到共情，甚至连表面上的共情都无法做到。检察官既要接触加害者，也要接触受害者。出于工作特性，他们注定要保持中立、客观，而不是以共情在先。因此，在办案风格上，他们并不会在意你是嫌疑犯还是受害者，而是会根据需要带着直接而露骨的怀疑对供述人进行强压式讯问，并且熟谙这种方式。但这并不是说他们在调查过程中完全不顾及受害者的处境，也不是说他们完全无法给予受害者一些关心。

保持中立、客观与共情、同情并不是对立的，认为两者对立是人们的误解。训练有素的心理咨询师同样很难做到一面保持中立、客观，一面却与当事人共情，但他们并不会因此而放弃，因为这与心理咨询师的核心伦理相关。

在这一点上，办案人员也是一样的。对他们来说，难道不应该同样用人权意识武装自己，遵循重要的伦理道德，在办案过程中做到细致到位，把受害者当作"当事人"来对待吗？

审判中感知公平的力量

受害者在审判中的地位

最初，每次开庭我都会赶到现场。但这并不是简单的事情，所以坚持了一段时间后，我就没有再去了。有一天在网上确认审理进度时，我看到了一周后即将宣判的通知。那天，我特意请假去了法院，结果被告知开庭已延期，理由是加害者要求协商，需要给予其时间，于是临时改为延期开庭。真正令我恼火的是，在此之前和之后，加害者从来就没有和我提过协商这件事。

——摘自暴力致伤受害者的陈述

在法庭上，除了作为证人被传唤之外，受害者只具有旁听资格，有关法庭审理的信息，获取到的少之又少。因此，除了提前申请时会被告知第一次开庭的时间之外，其他日程安排都需要受害者亲自在法院官网上进行确认。[11]
如果遇上紧急情况临时变更日期，法院官网无法及时更
新，受害者就免不了白跑一趟。由于无从知晓临时变更原
因，受害者不得不质疑是不是在自己不知情的情况下罪犯
提供了伪证或者另有其他图谋，并因此而焦虑不安。倘若
运气好，受害者可以联系到检察官办公室，了解到变更原
因，但他们能做的最多只是提交请愿书而已。

审判监控

出庭旁听整个公审过程，对于受害者来说需要极大
的勇气。法庭不会对作为旁听者的受害者给予任何照顾和
关心。开庭之前，受害者不得不与大部分都是被告人家属
或朋友的一群人一起等候开庭，整个开庭过程同样是以寡
敌众的局面。这种局面很容易给受害者带来威胁感和压迫
感。曾经有被告人家属或朋友靠近受害者，做出瞪眼、辱
骂、威胁等行为，让他们极为恐惧。

上一个案件的审判时间延迟结束，等候一两个小时
的情况也时有发生。为了旁听一个公审，受害者通常需要
耗费半天时间，甚至有时等了半天，却因为上一个案件延
时太久，本案件被改为择日开庭。除非特殊情况，通常管
辖法院会指定在加害者的住址附近，受害者想要出庭旁

听，往往需要特意请假赶来，路费等开支自然也是由受害者自己承担。如果只是一两次，那偶尔辛苦劳累一下也能接受。但除非罪犯在法庭上承认了所有罪行且人证物证俱在，否则仅仅是一次审理就可能耗时1年多。

出于这个原因，起初愿意旁听审理过程的受害者会逐渐失去继续旁听的意愿。受害者克服种种困难，鼓起勇气决定继续旁听，会面临很多大大小小的压力。和罪犯在同一个空间里呼吸，已经让受害者感到恐惧了，更何况他们还要向法庭陈述案件经过、看法庭屏幕上关于案件的图片资料、听罪犯歪曲事实的话……这些都会激起受害者的巨大痛苦。

不同于罪犯可以在庭上尽情地自我申辩，受害者会觉得自己什么也争取不了、行使不了任何权利，深陷绝望和无助之中。倘若审判人员在听到罪犯信口开河、一派胡言时点点头（即便这个举动并不意味着认同或接纳），受害者难免也会认为审判人员被罪犯的谎言所迷惑和欺骗，从而失望至极。

一位20多岁的女性被陌生人杀害。在案件审理过程中，罪犯轻描淡写，将责任推卸给死者，嘴角露出微妙的笑意。这一幕恰好被遗属看到，怒不可遏的遗属破口喊道"混蛋"，并将手里的手机砸向罪犯。虽然没有打中，但遗属被强制要求离开法庭。好在他们并没有以亵渎法庭罪被问责，但这种处理方式很容易让家属愤愤不平，他们甚至觉得法庭偏向罪犯，质疑案件审理的公正性。

因此，对于一些可能引发二次伤害的案件，我会奉劝内心脆弱的受害者尽量不要亲自到法庭上旁听案件审理过程。这种情况下，受害者援助机构会代替受害者监督整个审理过程，并在恰当的时机通过法律连线让受害者听取专家建议。如果受害者要求亲自监控审理过程，或收到了证人出席请求函，受害者援助机构的工作人员会陪同其一起前往法院，或提前帮助受害者进行证词陈述的准备工作[12]，对他们进行前期培训指导，让他们做好心理准备。结束庭上陈述后，工作人员会提醒受害者尽可能地在短期内前来面谈，咨询和听取相关的心理疏导建议，以免因出庭经历留下严重的心理创伤。

公审结束走出法庭后，有的受害者会感到极大的恐惧。许多受害者因为害怕被被告一方跟踪报复，会仓皇地离开。他们担心的都是很现实的问题，有的被告一方会追上来，劈头盖脸对受害者一通谩骂；有的还会将受害者团团围住，施加压力；甚至发生过将代替受害者出庭的工作人员当成受害者，跟在后面吐口水、扔石头的事情。

不仅是搜查过程，在审理过程中，受害者同样会受到种种限制，比如，无法查阅诉讼相关资料，这种待遇与被告的待遇有着显著差别。尽管韩国《刑事诉讼法》第294.4条4、《性暴力处罚法》第27条明确规定了受害者可以查阅或誊抄诉讼相关材料或证据，但了解这一权利的受害者并不多。即便知道，他们也会因为担心在客观证据不足，从而导致个人陈述的真实性被质疑时，再提出阅览和誊抄相关材料的申请反而会被怀疑这一负面因素，最终放弃申请。事实上，就算鼓起勇气，他们的申请也未必都能通过。

还有一种可能是，检察官代替受害者行使了公诉权。他们手中掌握着连审判人员都没有见过的调查资料。但实际的情况是，检察官的重点会放在以调查资料为依据，维持公诉以及将审判结果引向判处被告有罪上。对保护受害者以及受害者相关权利的保障方面，他们无法给予足够的关注。许多受害者在意识到检察官并不是维护受害者的利益而是替检察机关说话后，深感失望，觉得他们与维护受害者利益的律师完全是两类人。

出庭作证

庭上，对方律师向我发问，我便有一说一地回答，但他似乎并不太关心我在说什么。按理说，律师应该是头脑清晰的人，却净问一些莫名其妙的傻问题，听得我很困惑。

——摘自性暴力受害者庭上作证经历报告

当时，对方律师问了我一些带有攻击性的问题，接着法官同样问了被告带有攻击性的问题。虽然审判结果不尽如人意，但是由于法官的态度，我认为这次案件应该是公正、公平的，令人欣慰。

——摘自抢劫案受害者庭上作证经历报告

1. 证人出庭前

受害者仅有一次出庭机会，并且是在法院发出出庭要求的前提下。虽然近年来请求受害者陈述权[13]的比例日益增加，但大多数受害者只能在检察机关或被告方提出申请时才可出庭作证。这时，受害者承担的并不是当事人身份，而是为查明案件真相而出庭进行必要陈述的证人身份。

如果受害者在没有正当理由的情况下未出庭与提供证词，将被处以500万韩元以下的罚款，并强行召唤。处以上述罚款后，如果受害者依然无故不出庭，将被处以7天以内的拘留[14]，由此产生的诉讼费，法庭有权让受害者支付（受害者收到的证人传票上已写明这一条）。由这一点看，证人传票从严格意义上来说是一种公文，而不是请求函。

因此，很多受害者在接到证人传票后，开始对自己的处境有了新的认识，也因此陷入绝望。对他们来说，在法庭上提供证词并不是在行使自己的权利，而是一个痛苦的差事。有时，受害者会担心自己的清白会受到质疑。这种焦虑和恐惧，受害者只能一个人承受。

事情远不止这么简单。接到证人传票的那一刻，原本好不容易平静下来的生活又被打乱，受害者开始为将要在法庭上面对加害者而感到紧张，担心自己会因为巨大的心理压力而不能正常提供证词，担心露面可能会遭受报复……这些心理包袱会在一瞬间压到受害者身上，令他们很难维持正常生活。原本努力忘掉的事情再次浮现出来，原本稍稍平静的内心再次混乱起来，他们开始焦虑不安。不想面对的瞬间、不想记起的事情在一瞬间侵蚀着大脑，令人痛苦崩溃。大概是出于本能，为了让罪犯受到应有的惩罚，或者说为了不让自己被判以诬告罪，受害者不得不直面案件本身，努力回顾案发时的细节。

2. 开庭当天

正如预想的那样，开庭当天，受害者最担心和害怕的就是面对被告。在性暴力、虐童等案件中，受害者在以特殊证人身份接到证人传票的同时，还会收到一份证人援助官制度指南。庭审当天，在证人援助官[15]的专业帮助下，这两类案件的受害者的顾虑和担忧会减轻许多。然而，其他类型案件的受害者很少会得到这方面的相关信息。

即便是在证人援助制度之下，受害者也并不能绝对避免与被告相遇。如果受害者提前申请，那么庭上会为被告和受害者之间加设一个挡板，或者把被告单独转移到另一个房间进行审问，但这也仅限于性暴力案件。在其他类型的案件中，这种申请予以通过的案例很少，有的甚至在开庭前就被驳回。而且，即便双方在空间上被隔离开，被告依然可以通过耳机监听受害者的陈述。因此，受害者会承受将来可能被报复所带来的压力和恐惧。

一位长期遭受家庭暴力痛苦的女性，经过深思熟虑后将丈夫告上法庭。当她在法庭上与施暴的丈夫共处同一空间时，顿时惊恐无措，变得胆小畏惧起来，甚至害怕自己会因为过度恐惧而在无意识间提出撤诉。也许有人会觉得这很夸张——至于那么害怕吗？但是像家庭暴力、儿童虐待、校园暴力等在本应是最安全的环境下发生的持续性暴力案件，受害者的恐惧感非常真实。以下陈述来自受害者援助机构工作人员的工作报告。从他们的反馈中，我们可以看到受害者在出庭作证前对可能遭遇报复有着多大的恐惧。

在出庭作证前，由于担心被报复，受害者打算坚决不说罪犯的坏话。在讯问期间，受害者的语气慢慢发生了变化，开始向有利于被告的方向陈述。等到讯问结束时，受害者竟然说："总算轻松了。"他觉得自己没有说任何于罪犯不利的话，因此自己安全了。

很多受害者表示，对证人的讯问过程就像记忆力大比拼一样。闭上眼睛回忆最惊恐、最痛苦的瞬间，很多人都能想到一两个这样的瞬间。但如果要求我们回忆具体的细节，以便核实案情真相时，我们是不是都可以从容应对，有条不紊地做出陈述呢？

对大多数忙碌奔波的成年人来说，如果突然被问到昨天中午吃了什么，他们恐怕一时之间根本想不起来。但在讯问过程中，受害者会被要求回忆起几个月甚至几年前发生的事情的琐碎细节。一旦受害者的陈述与其在检察机关所做的陈述不一致，他们就会遭到赤裸裸的怀疑，甚至会遭受猛烈的指责。

讯问的目的是获取受害者记忆中准确的信息，但很多受害者遭遇的是像在检验记忆力精准度一样的测试。在讯问过程中，受害者有时会在没有理解问题的情况下做出错误回答，甚至在必须有问有答的压力下，即便想不起来，也会做出回答，等到发现出错后又后悔不已。为避免这种问题的出现，一些国家允许受害者在接受讯问前阅览在举报或起诉后提供给检察机关的陈述记录。遗憾的是，在韩国，受害者并没有这样的机会。这些做法足以让受害者产生一种直观印象——传唤证人、发起讯问并不是为了弄清案件真相而进行的必要的信息收集行为，而是为了击穿他们的证词的真实性并打垮他们。

受害者要在数名陌生人面前回答一些隐私问题，所承受的羞耻感和惭愧感让他们无法感到轻松。在公开场所，如除了被告，被告的亲戚朋友甚至与案件无关的闲杂人等都在的情况下回答这些问题，这本身就是一件带有侮辱性的事情。回答那些问题，会让受害者倍感屈辱。也许有人会觉得，以非公开形式开庭，不就可以避免这个问题了吗？但除了性侵案件，除非是极为特殊的情况，否则允许以非公开形式审理的例子非常少见。

可能有人会觉得，如果是带有侮辱性的问题，拒绝回答就可以了。但是作为受害者，当有人在法庭上问到这些问题时，他们会认为这是用来判断嫌疑犯是否有罪的重要证据，进而觉得自己应该极力配合。有时候受害者确实表示了拒绝回答，但审判团会施加压力，要求受害者必须作答。

在一起性暴力案件中，被告律师执意要求受害者发出案发当时发出的呻吟声。受害者用哀求的眼神看了看审判长，希望他们能出面制止这个要求，但没有任何人出面制止。受害者纠结了半天，只能按照对方律师的要求，模仿了当时的呻吟声。之后相当长的时间里，这一幕反复浮现在受害者的脑海里，使她沉溺于无尽的羞耻感当中。

在讯问过程中发生的二次伤害，基本上都来自被告和被告方律师。受害者普遍反映，被告方律师会揪着过于琐碎的隐私细节反复发问；故意玩文字游戏，诱导受害者出现口误；故意用复杂的问题妨碍受害者进行准确的陈述；提出问题，等到被告认真回答时故意走神，让受害者不悦；为诋毁受害者，故意问出愚蠢的问题；故意挑不容易记起来的问题发问，让受害者回答不上来，引导审判团质疑受害者；故意将自己的想法灌输给受害者；用思辨的提问故意延长讯问时间……虽然在性暴力案件中，这类导致二次伤害的情况更为严重，但并不是说在非性暴力案件中这类情况就不存在或很少见。

3. 庭审结束后

庭审结束后，一部分受害者会因为就此结束痛苦而艰难的任务而感到解脱和释然，但大多数受害者并不会有这种感受。事实上，大多数人会在出庭提供证词后反复琢磨自己在庭上的证词，忍不住懊悔和焦虑。也有一些人在庭审结束后才反应过来自己没有在充分理解问题的情况下好好回答问题，生怕因此而判定被告无罪。还有一些受害者一方面渴望法律能严惩罪犯，一方面又担心如果罪犯因为自己的证词而被重判，对方会在出狱后恶意报复，从而弄得自己焦虑、失眠。

提供完证词从法庭出来时，这位受害者还一切正常。但是后来，他因为身体不舒服去医院检查，有段时间没来接受心理治疗。等到一个月后再来接受心理咨询时，他一直在为庭审中律师的提问反刍和自责。任何安抚工作都无济于事。最终，这起案件的罪犯被判为缓期执行，这位受害者从此也没了消息。

——摘自受害者援助机构工作人员的工作陈述报告

各项研究均已证明，受害者在法庭上提供的证词很容易影响受害者的心理恢复，或加重其心理创伤。一项针对儿童性暴力受害者持续12年的跟踪调查显示，儿童性暴力受害者童年时期在法庭上提供证词的经历，会令他们的精神健康状态持续恶化，直至成年。[16]在韩国，一项面向有过庭上作证经历的受害者和援助机构人员进行的调查研究显示，几乎所有受害者都因为在庭上作证而遭受强烈的内心痛苦，其中有一半受害者的痛苦将持续3个月以上。[17]

这项研究认为，当被要求出庭作证却没有任何具体说明时，当讯问中自己没有准确理解检察官、律师或审判长的提问内容时，当感到对方律师无礼、冒犯到自己时，当讯问内容带有侮辱性、过于隐私时，出庭作证给受害者带来的痛苦更加剧烈。这种痛苦不单单出现在性暴力受害者身上，在其他类型案件的受害者身上也会出现，特别是当罪犯为陌生人时，这种痛苦会更加剧烈。

4. 庭上作证带给受害者的实质利益

从前面的案例中我们不难看到，在未能确保合理性，也未能进行充分细致的计划时，贸然让受害者出庭作证会给受害者带来二次伤害。考虑到个别受害者及案件的特殊性，进行充分细致的计划后再让受害者出庭作证，则有利于加快受害者的心理恢复速度。多个案例均能证实这一点。[18]

经常有刑事司法机关委托我与受害者面谈。我知道其中大部分面谈的目的都是评估和证明受害者陈述内容的真实性。受害者在陈述完案件经过后，都会对能有机会尽情陈述表示感谢。其实我并没有做什么特别的事情，除了鼓励他们把能想起来的统统说出来，并用足够的时间去耐心等待。所以，给予受害者足够的安全感和耐心，让他们充分陈述"发生了什么"，这对受害者摆脱犯罪案件产生的心理阴影有着重要的推动作用。特别是在具有特定意义的场所（比如在法庭上）让受害者充分陈述案件经过，让其作为受害者最基本的权利得到尊重时，受害者甚至可以由此重建人生。[19]

警察、检察官、审判长等象征公权力的公众人物能够认真倾听受害者的陈述并给予同情，这将成为促进受害者快速复原的强有力的因素，并且与最终是否判定被告有罪无关。通过这个过程，受害者将自己受过的伤害与自己的人生进行整合，学会了放下，不再深陷于噩梦般的过去，开始正视现实，并最终回归社会。

在我陈述证词时，罪犯一直闭着眼睛听，那副平静的样子让我愤怒和抓狂。不过随着时间的流逝，我越发庆幸当时出庭作证了。能在公开的官方场合告诉大家我父亲并不是活该要死，能正面指出罪犯的恶劣罪行，我认为我做了我必须做的。

——摘自凶杀案家属的陈述

尤其是当受害者意识到出庭作证是在行使自己的权利时，其权利意识会得到提高，原本和失控感相连的焦虑感会明显减少。这表明，只要能确保受害者得到应有的公平对待和切实帮助，让他们克服出庭作证所带来的压力，或在接受讯问时，健全的法治和训练有素的办案人员能让他们感到公正，并放下担忧和顾虑，那么他们所提供的庭上证词不但有利于还原案件真相，还有利于他们自身的恢复。

结合受害者们的反馈，我们可以断定，当受害者认为审判长或检察官带着人文关怀倾听自己的诉说，给了自己足够的时间，耐心等待自己恢复记忆时，这种法庭所提供的"精神安全区"将在受害者心中长存。这不仅能让受害者更相信整个审理过程的公正性，也会大大缓解他们在提供证词这一环节所受到的打击。

十几年前，一个当时还是高一学生的强奸案受害者作为证人到法院提供证词。她看到在非拘捕状态下前来接受审判的加害者的背影，刹那间惊恐万分，从洗手间逃离后给我打了电话。电话里，她声音颤抖，语无伦次。隔着电话，我能感觉到当时的她有多害怕。我告诉她试着慢慢深呼吸，帮助她稍微恢复平静后，嘱咐她："在庭上，说话没头绪、忍不住哭、愤怒、生气，甚至说错话都没关系，把你想说的都说完再回来。"然后我挂了电话。

大概两个小时后，受害者再次打来电话，声音明显轻松了许多。她说在提供证词时她情绪激动，忍不住哭了起来，办案人员递来了水和纸巾，一直等着她恢复情绪。在陈述证词的过程中，办案人员没有插嘴、中途打断她，或对她指指点点、强加指责，一直在安静地等她讲完。陈述环节结束时，审判长问道："你确定已经把痛苦的经历都讲述完了，是吗？"得到肯定的回复后，审判长感谢了她，说她能把痛苦的经历全部讲述出来，对还原案件的真相有很大的帮助，并且用满怀同情的语气说道："本法庭将秉持公正的原则做出最终判断。希望受害者能尽早摆脱这个案件的阴影，过好现实生活。"

令人惊讶的是，这次经历为受害者得以恢复、回到当前的生活提供了强大的动力，已无关受伤与否。之前许多年，一个人抱着这个秘密独自承受的痛苦，勇敢揭穿对方的罪行却被视为污蔑的委屈，都在这次站在法庭证人席上提供证词的经历中得到了缓解。在之后的岁月里，她可以很好地与过往道别，按照自己的方式开始全新的生活，并适应得很好。随后，她偶尔会与我联系，但近几年我几乎不再有她的消息。我深信，在这片天空之下的某个角落，她会按照自己的方式，充实地过着每一天。

审判结束，一切才刚刚开始

案件宣判完结的瞬间，我总算结束了漫长的噩梦，感到了前所未有的虚无。一想到任务完成了，该做的事情都做完了，突然觉得很空虚。我没去看孩子的灵堂，而是在家里歇斯底里地哭了半天。明明说过再也不哭的，但这种话连自己都觉得很可笑！无论凶犯被判了多少年，我的孩子都不可能回来了。

在案件审理期间，因为要写申请书、搜索案件信息，我不得不强打起精神，逼迫自己保持清醒，做好这些事情。案件结束后，每天早晨睁开眼睛，我都会疯狂地想念我的孩子。我很害怕醒来，面对这生不如死的痛苦。

——摘自凶杀案遗属的陈述

虽然在刑事司法程序上案件已经完结，但受害者并不会因此完全摆脱案件带来的心理阴影。法院的最终宣判，只意味着刑事司法机关的职能行使到此结束。对曾经专注于案件调查和审理过程的受害者来说，这可能是新的痛苦的开始。

有不少受害者在罪犯被判刑后才缓过神来，开始走向自愈的痛苦旅程。这意味着他们将迎来比在案件审判阶段更巨大的混乱和痛苦。曾经压抑的心理阴影会突然袭来，彻底击垮他们的身心。

在凶杀案中，遗属往往都是在判决结束后才清醒地意识到亡者不可能起死回生，进而陷入更加绝望的深渊。上面的陈述来自一位父亲，因为家庭经济困难，孩子为了多挣一些钱到夜间路边摊打工，却被人用刀刺中要害，当场死亡。为了让罪犯受到应有的惩罚，这位父亲全力投入到案件调查和审判中，但最后罪犯只是被判为过失杀人，而不是故意杀人。宣判时，这位父亲意识到任何方式都无法让他的孩子重新回来，他恸哭起来。后来很不幸地，这位父亲被确诊为癌症，和病魔抗争了不到两个月就去世了，留下了一个小孙女。

从前面的案例中我们可以了解到，当受害者没有提交接收刑事司法程序信息的申请书时，或尽管提交了申请书但因为工作人员的疏漏申请未能及时被受理时，受害者可能不会收到案件审判终结的消息。

曾有位受害者，被熟人殴打后四周才痊愈，本以为对方应该在拘留所，却在传统集市上偶然撞见了对方。当时，他僵在了原地。原来，在受害者不知情的情况下，案件终结，罪犯被判缓期执行并被释放。

在一起杀人未遂案件中，罪犯的父母轮番来探监。受害者的父母看到这一幕有些于心不忍，便在未征得受害者同意的情况下私自签订了私下和解协议。几个月后，在回家的路上，受害者明显感到后面有人跟踪他。受到惊吓的受害者经过痛苦的挣扎，最终在好友的帮助下抓住了尾随自己的人。正是因为受害者的父母签订了和解协议，罪犯才被判缓期执行并被释放。受害者的父母可能做梦都没想到，罪犯是因为这个协议才被释放的。

在法庭宣判后，受害者最害怕的就是罪犯出狱。鉴于这一点，相关部门制定了一项制度：在受害者提前申请的情况下，相关部门会告知受害者罪犯的出狱日期。但并不是知道了罪犯的出狱日期，受害者内心的不安就会减轻或消失。被伤害后还住在原住址的受害者，在获悉罪犯出狱的通知后会立即搬家；已经搬离原住址的受害者，由于担心自己的身份暴露，会开始删除网上的个人信息；还有一些受害者会改名、整容、更换身份证，甚至考虑移民到国外。

之前好不容易寻回的平静日常，因为罪犯出狱又开始被打乱，受害者的心理阴影开始重现，不得不到专业心理援助机构寻求帮助。媒体上关于罪犯实行报复的报道会清晰地传进受害者的耳朵里，受害者总感觉自己会遭遇同样的报复。还有些受害者，一想到罪犯可能已经假释出狱，就会极度恐慌，甚至失眠。有位受害者曾经收到过罪犯的一封信，信中写道：出狱后，第一件事就是上门报仇。有的罪犯在假释后，多次给受害者寄信称要报复对方，或直接上门实行报复。这些都会诱发受害者产生极度的不安，令他们每天都像在被罪犯跟踪骚扰一样，崩溃又痛苦。

小结

一直以来，受害者援助行业流传着一句话：三代积德，才能有幸得到公正的调查和判决，避免二次伤害。尽管刑事司法机关办案人员在各自的岗位上努力地保障受害者的权益，但在类似现在这种让受害者遭受周围人的不公对待 (至少站在受害者的立场是这样的) 的办案和审判体系中，受害者非但很难保障个人权益，还会觉得因果报应很难成真。

　　对处于危险之中的受害者来说，一句"你现在已经安全了"的话，守护在身边的人默默递来的一杯水，或是在他们找衣服穿上时不催促、耐心等着他们，抑或拦住看热闹的群众……这些充满诚意的关心、体贴之举，会让受害者对这世界依然抱有"值得活着"的希望。办案人员带有同情的语调、客观中立又饱含共情的话语、给受害者充分诉说的时间、在被告律师提出可能诱发二次伤害的过分的问题时及时制止……这些细微的体贴之举不但会让受害者感受到判决的公正性，还会减轻他们的委屈和愤怒之情。

　　幸好，最近人们开始认清韩国现有刑事司法体系存在的只注重捍卫罪犯权益的弊端，提出具有针对性的恢复性司法（转换型司法）概念[20]，以此强调犯罪行为对人际关系的破坏，提出受害者的恢复问题以及健康共同体的恢复问题。这些都是有关部门为捍卫受害者的权益、保护他们而做出的努力。至于这种努力最终能否生根结果，就需要我们每位社会成员都予以关注。

第四章

宽恕不能结束一切

当时，法院判的是被告给予原告赔偿。可能是因为这个宣判结果吧，对方认为自己只要交了赔偿金就洗清了罪行，随即趾高气扬起来。当我从别人口中听到这些时气得发抖。似乎一起凶案发生时，国家可以通过罚款获得收入，罪犯可以通过罚款免受罪责，而我这个受害者得到的却只有绝望，就像被这个国家遗弃了一样。

——摘自暴力事件受害者的陈述

人们以为法院开庭审判并宣告犯罪嫌疑人罪名成立之后，案件就可以了结了。就连罪犯本人都以为通过刑罚，自己犯的罪行就能洗清，自己不再负有任何法律责任，从此彻底自由了。

在韩国，人们之所以会有这种想法，很大程度上是因为"一事不再理"（即一次判决的案件不得再次提出起诉）的原则。"一事不再理"的初衷是避免一个人被司法体系恶意利用、受到不应有的折磨，督促刑事司法机关在调查、审理过程中慎重行事、避免出错。"一事不再理"为的是各方资源都能够被有效利用，避免浪费，并不是为了让罪犯觉得一次法律处罚就能彻底洗清自己犯下的罪行。

犯罪行为对社会造成的影响具有扩散性和持续性。从受害者家属到现场调查官、警察、律师、119急救人员等相关工作人员，再到社区成员乃至整个社会，都会因为犯罪行为而留下各种伤痕，犯罪行为甚至能彻底摧毁一个人的生活。这些伤害绝不是通过罪犯依靠国民缴纳的税金"解决"吃喝住的问题、过上几年牢狱生活就能彻底好转的，罪犯认为自己可以用法律处罚来抵消罪行，简直是傲慢且愚蠢无知的。

为预防犯罪，我们除了了解罪犯本人，还要了解犯罪行为的结果以及给人带来的伤害。直接或间接修复犯罪带来的伤害是预防犯罪的基础，唯有做到这一点，我们才能进一步进行其他犯罪预防工作。下面让我们一起具体了解一下，犯罪行为会给当事人及其家属、邻居乃至整个社会带来哪些影响。

成为受害者，意味着什么

身体方面

每当受伤处隐隐作痛时，我再次被唤醒，看清自己是一个受害者的事实。冲澡时看到丑陋的伤疤，我也会想起之前的经历，但我又不能因为这样就不去洗澡。真是……

——摘自暴力伤害受害者的陈述

1. 身体损伤

罪犯给受害者带来的身体上的伤害，大多可通过医学治疗痊愈。但如果留下来的伤疤大、明显，就会长时间折磨受害者。受害者常常因为无法遮挡的伤疤以及所谓的美观原因，遭受各种不友善的眼光。旁人可能只是出于好奇，不经意地一问，但对当事人来说却是难以启齿的噩梦。记忆外壳再次被敲击，瞬间将他们拖向痛苦的冰窟，加重他们的心理阴影。

大部分受害者都不愿重提伤疤的来源，以免再次想起可怕的经历。如果可以，他们更希望掩盖这个秘密，永远不让人知道这来自一次犯罪受害经历。从某个方面来看，这与韩国这个国家推崇惩恶扬善的观念有关。人们过度推崇这个观念，一旦有人受害，这个人就成了众矢之的。当不好的事情发生时，受害者会把责任往身上揽，反省是不是因为自己修行不够、做错了什么，才会遭受如此惩罚。这种思维无形中让受害者背上思想包袱，他们生怕人们知道自己是受害者后会一起将矛头指向自己，认为其有污点、软弱、好欺负，并对其加以责难和污蔑。

此外，撕裂、折断、感染的身体部位在经过医学处置后，细微的损伤还会持续存在一段时间，引发大大小小的后遗症，滋生出新的现实问题。一位受害者被盗窃者击中头部，头盖骨受伤，经过医院及时处置已完全治愈。但随后的几个月，他一直有头痛和眩晕症状。

完成医学治疗依然留下后遗症，由此带来的现实问题可能远比想象的严峻，这将成为干扰受害者身心恢复的障碍。有位手艺精湛的美发师，他在一起凶杀案中差点走了鬼门关，最后命是保住了，手指却断了。虽然缝合手术很成功，但由于神经严重受损，他失去了进行精细动作的能力，无法再从事美发行业了。一名男子被凶手挥动的铁管击中眼部，致单侧视野变窄，几年来都无法在人多的路上独自行走。

再有一种情况是，医疗仪器检查不出任何问题，但受害者却因为心理原因长期出现局部（主要是案发时的受伤部位）疼痛或麻痹症状。一个男子伪装成燃气抄表员，入室性侵了一个小女孩，致使这个不到10岁的女孩每当遇到相似情形（比如看到戴黑帽子的男性、闻到和罪犯身上相同的香皂气味）时，腿脚都会出现麻痹的症状，而且持续了很长时间。一名女子被深夜到店里吃饭的男性侵犯，几年来常常感到手部莫名的疼痛，痛苦不堪。

2. 脑损伤

大脑是对心理创伤反应最快的部位，也是最容易留下心理创伤的部位。好在脑损伤通常会在几个小时或几周内恢复。有时候，根据具体的心理创伤类型、出现心理创伤后又增加的其他压力、受害者自身的特性等诸多因素，受损大脑的恢复可能会持续几个月、几年，甚至一生都无法痊愈。[1]

那张愤怒的面孔一直在我眼前来回晃。只要一想起那些，我就好像立刻回到了案发当时，就像再次被打一样，甚至曾经被打的部位也隐隐疼起来，很恐怖、很想逃掉。心悸、胸闷、冒冷汗，有时候甚至会梦到这些，吓醒后就不敢再入睡，生不如死。感觉这辈子也摆脱不了这种痛苦。

——摘自暴力伤害受害者的陈述

心理创伤带来的脑损伤会引发一系列典型症状——创伤性再体验、过度警觉、回避、思维与情绪负面化。这四个是典型的创伤后遗症，即创伤后应激障碍的核心症状。[2]犯罪行为导致受害者出现创伤后应激障碍的可能性远高于灾难或交通事故。如果是危及生命、强奸或严重致伤类案件，受害者会出现更严重的主观痛苦，创伤后应激障碍发作的可能性也相应提高。[3]

即便没有严重到出现创伤后应激障碍的程度，大部分受害者也会在相当长的时间里回忆起凶案场景，并且是"现在进行式"而非"过去式"，有时他们甚至会反复在梦中经历行凶的一幕。当深陷这种恐惧时，为避免再次受到伤害，受害者会回避环境的刺激，选择蛰居。同时，他们还会紧绷全部的神经，时刻处于过度警觉的状态，以便敏锐地预测未知危险。可这样一来，他们对日常生活的琐事自然变得反应迟钝和缓慢，进而出现健忘、恍惚等分离症状。

严重时，部分受害者会失忆或部分失忆，出现分离性健忘症。曾经有一个儿童被陌生男性硬拉到公厕里性侵，事后他被随意处置，无人问津。这个儿童大脑中负责记忆的海马体功能本能地减退，孩子丢掉了关于案件的记忆。虽然活了下来，但代价是随后的几个月，孩子常常发呆，就连刚吃过的东西也想不起来，每天基本处于这种状态。

关于脑损伤，有一个不亚于犯罪伤害的诱发因素，即伤害频率。美国神经科学家保罗·麦克莱恩（Paul MacLean）认为，我们的大脑由包括负责维持生命和相关活动的脑干和小脑在内的R-复合体（爬虫类脑）、负责情绪反应和行为的海马体和杏仁核在内的边缘系统（哺乳类脑）以及负责高层次思维能力的大脑皮质（灵长类脑）组成。大脑皮质前部的额叶和边缘系统共同合作，负责调节冲动与判断，引导共情，让我们不做习惯的奴隶，具有创造性思维，并抵制冲动和敌对行为。[4]

大脑唯有在得到稳定、温和的照顾时才能正常发育。当孩子从抚养人那里得到充分、稳定的照顾时，原本为了维持生命而专注于本能行为的大脑开始尝试向社会探索并寻求互动，孩子变得积极、勇敢，愿意去体验各种丰富的情绪。这时，如果抚养人允许孩子探索和冒险，并在他们遭遇失败和挫折时温暖地给予拥抱、安抚和鼓励，那么基本上就做到了较好的照护。这时，孩子的大脑可以稳定发育，他们可以安全地体验更加丰富的情绪，并学会调节情绪。孩子的大脑皮质得到了很好的发育，他们变得理性、富有创意，并且在成长过程中学会自我调节情绪。

家庭、学校原本是最安全的地方，在儿童虐待案中，孩子却对此反复产生阴影，这会让孩子的关注点聚焦于与生存相关的问题上，还会破坏孩子大脑的额叶发育，尤其会遏制前额叶功能的活跃程度，构建出可诱发对世界产生厌恶感和仇恨感的神经网，导致孩子出现一系列大大小小的情绪和行为问题。[5]不仅如此，因虐待导致大脑受损的孩子，在同龄关系、社会关系的建立以及智力发育方面都会受到严重干扰。[6]多项研究也充分证实，父母虐待孩子的行为会让青春期的孩子变成问题少年。[7]

3. 慢性压力对身体的影响

根据加拿大病理学家汉斯·塞利 (Hans Selye) 博士提出的全身适应综合征 (general adaptation syndrome, GAS) 理论，人体在面对压力时会表现出警戒、抵抗、疲惫三个阶段的反应，身体在处于压力状态时会像杏仁核启动战斗、逃跑反应一样，心跳加快，并分泌压力荷尔蒙——皮质醇和肾上腺素以提高能量水平，对人发出警告。在这个过程中，大量分泌的皮质醇会减退负责调节压力反应和记忆的海马体神经功能 [8]，从而遏制与案件相关的记忆。但事实上，与之相关的强烈的恐惧情绪依然会被保留下来。[9]

做了种种努力但这种压力依然持续存在时，身体会进入本能的抵抗阶段。到了这个阶段，体内的皮质醇浓度会变得过高，人们会出现肌无力、头痛、血压高等症状。如果依然无法摆脱心理压力，那么人们会放弃通过抵抗恢复正常机能，直接进入疲惫阶段。这时，人们完全放弃了抵抗，把身体彻底交给压力，不再将压力识别为"非正常"，不再出现警戒症状，取而代之的是免疫系统功能异常、脏器功能不良等各种慢性疾病。

前面讲到，案发后很多受害者会承受和案发当时一样巨大的压力，表现为进行式再体验，而不是过去式。再加上周围人不恰当的反应以及刑事司法机关、媒体所带来的二次伤害，他们的压力过载状态短则持续半年，长则持续数年，将引发各种慢性压力型疾病。

相比加害者，受害者更容易患上心脏病、高血压、哮喘、肺病、胃溃疡等心血管、呼吸系统和消化系统疾病，这在其他研究报告中也得到了证实。[10]大邱地铁惨案幸存者在十年后突然出现视力下降、糖尿病等疾病，并深受折磨，这些报道[11]同样说明了创伤事件对身体健康有多么重大的影响。

虽然并非所有疾病都是犯罪行为导致的直接后果，有些是受害者为了克服压力选择了不当做法（比如酗酒、吸烟、吸毒、暴饮暴食、滥用药物等）所导致的，但如果当初没有发生犯罪伤害，受害者就不会用这种错误的方式来糟蹋自己，以求得心理上的些许抚慰。从这点来看，绝不能说犯罪行为没有产生影响。

心理方面

感觉坐上了在崎岖山路上行驶的客车，不知道终点是哪里，想下车也找不到车门，下不了。心里有个躁动不安的机器，"咯噔咯噔"地发出闹心的声响，不停地运转。

——摘自凶杀案遗属的陈述

当一个人变为一起案件的受害者时，会引发很多心理问题。韩国一份调查犯罪受害打击的研究数据显示，案件导致受害者出现轻微后遗症的仅占9.7%[12]，症状严重需要进行长达6个月以上心理咨询的比例高达34.7%。前面讲到的这些症状，我们可以从心理创伤导致脑损伤的生理角度去理解，但当受害者因个体差异导致其在症状恶化与好转之间出现偏差时，这又成了一个心理学范畴的问题。我们可以通过下列内容，进一步了解受害者普遍出现的心理问题。

1. 分裂

人类在经历创伤事件后，其危险意识、安全意识都会发生变化，他们开始用全新的脑神经去领略世界。为了保护自己免受罪行伤害，受害者常常会否定现实，具体表现为：感觉不到身体的疼痛；感觉不到恐惧、害怕、愤怒等情绪，处于无感情的麻木状态；完全记不起案件的一部分，即部分记忆丧失；有些受害者会表现出人格解体症状，觉得自己的身体脱离了自我。这些都属于分裂症状。

分裂症状短则几分钟，长则会持续数年，表现为发呆、说胡话，看起来像没有在听对方说话，或者故意不回应对方的问话。分裂症患者会因为一些微不足道的外界刺激而受到惊吓，反应强烈。随着时间的推移，分裂症患者开始逐渐接受现实，让分裂症状得到缓解。但如果有其他压力，他们依然会长时间持续处于分离症状。

表现出分离症状，意味着心理创伤引发了极度强烈的痛苦，大脑本能地切断了情绪体验和记忆激活的通路。因此，分裂症患者从表面看很容易让人误以为他们没有任何情绪上的痛苦，但事实上他们的压力荷尔蒙指数已经飙升到了极高程度，需要看护人特别观察和注意。

"不要焦虑""冷静一下"这些话对分裂症患者收效甚微。奢望受害者主动减少焦虑，这种期盼也很天真。与其如此，我们还不如适当保持沉默，帮他们预防分裂症可能带来的风险，提供切实有效的帮助。

分裂症严重时，患者应避免从事危险劳动，如避免驾驶车辆，以免引发事故。由于健忘症状严重，对重要的约定事项，我们可以反复提醒他们，而不是写在便签纸上、贴到醒目处，奢望他们能自觉记住。

2. 不安

案件尽管终结，但受害者的大脑会在相当一段时间内处于高度警惕的状态。控制紧张情绪的交感神经系统过度活跃，导致负责控制松弛功能的副交感神经系统受到阻碍，受害者坐立不安，无法正常工作，出现心悸、喘不过气、冒冷汗等一系列不良反应。敲门声、门铃声、有人喊自己的名字……这些小小的刺激都会让受害者突然受到惊吓。他们时刻紧张地观察和警惕着周围的"风吹草动"，生怕错过任何风险征兆。除了在家能感到安全，在其他地方都会感到被威胁，于是他们渐渐拒绝出门，过着与世隔绝的生活。

电梯门自动打开，里面站着个人，我吓得尖叫起来，弄得对方连连向我道歉，很尴尬。

——摘自暴力伤害受害者的陈述

无法得到安全保障，再次遭遇伤害或恶性报复的可能性偏高时，受害者通常无法摆脱内心的焦虑。他们的大脑会发出强制命令，让他们保持着高度警惕，以备危险不期而至时能及时保护自己。

有一位受害者被陌生人挟持，强行拉上车后遭受了残忍的暴力行为。尽管罪犯事后跳河自杀，但受害者始终无法相信凶手已经死亡的消息。负责这一案件的警察在心疼之余，特意将罪犯的死亡证明和身份证照片拿给受害者，让他亲自确认。但由于照片上的样子与案发时烙印在头脑里的罪犯样子很不一样，所以他以为这是警察为安慰自己编造的善意谎言。即便又过了几个月，他依然无法相信凶手已死亡且不会再去行凶的事实。

3. 愤怒

在毫无征兆的可怕罪行面前，受害者会交替产生自责和对世界的愤怒。特别是在最初，由于对世界和加害者的愤怒不可抑制，他们会表现出攻击行为，喜欢向周边的人找碴儿，会因为一点小事烦躁，或者突然发脾气，表现得异常敏感。

> 最近特别烦躁。男朋友问我怎么了……其实我也不清楚。本来好好的，却会突然生气，很抓狂。为什么这样的事情会发生在我身上？如果不是那个坏蛋，我现在仍然可以和别人一样，上班、见朋友，过着平凡的生活……为什么这种事情会发生在我身上？
>
> ——摘自性暴力受害者的陈述

这种症状是由于心理创伤而产生的正常且自然的反应。可是，一旦这种症状长时间持续存在，人们就会觉得受害者怪异、夸张，对其渐渐失去耐心，收回之前的共情和关心，与受害者保持距离，严重时甚至会含沙射影地责备受害者。这些做法会激发受害者的受害意识和愤怒情绪，愈加仇视身边的人，变得更为苛刻、难接触，由此形成恶性循环。

受害者会对加害者或非特定人群产生报复臆想。虽然这种情况不多见，但偶尔也发生过受害者到加害者家里大喊大叫、扔东西、实施暴力等事情。不过，至少在官方资料上，我们很难查到被受害者恶性报复的事例。这表明大部分受害者都努力控制自己的冲动，而不是像罪犯那样冲动行凶。其实，在这种渴望报复的心理背后，是对再次受害的恐惧心理。许多受害者在这两种矛盾情绪的折磨下倍加痛苦。

反复念叨案件经过，陷入无尽的自责、耻辱、懊悔和负罪感中，觉得可怕的事情偏偏发生在自己身上，并因此被不幸、抑郁、悲伤等情绪控制，曾经喜欢的事情如今却毫无兴致，无论做什么都无法开心起来……多数受害者开始喜欢诉苦，无法拥有积极的心态。

一天天机械地活着，没有任何想法，也感觉不到什么乐趣……昨天或明天都无所谓，也不期待什么将来，感觉活着没意义。有时候想，不如就这样死了算了，看着别人也会忍不住想："我跟他们已经不是同路人了，不可能再像他们那样平凡地活着了。"

————摘自性暴力受害者的陈述

这一阶段，受害者的自杀倾向偏高，需要身边的人仔细照看。自残现象也较为多见，这是因为受害者内心的情绪已经高涨到不可控制的状态，但他们又不得不极力去控制和收敛，才会出现这些极端现象。对他们来说，自虐不是为死而是为活所做的挣扎，他们努力想要控制失控的情绪。希望身边的人了解这一点，不要指责、厌恶他们的这种自虐行为，不要随便给他们扣帽子。[13]

5. 精神病症状

遭受犯罪伤害后，很多受害者表示会出现幻视、幻听、妄想等类似的精神病症状，特别是他们总觉得有人在监视自己、跟踪自己，出现明显的受害意识。这种症状一旦变得严重，受害者会很难维持正常工作和社会生活。比如，幻听，觉得能经常听到罪犯的声音；幻视，感觉能看到罪犯的身影；幻嗅、幻触，觉得能闻到犯人身上曾经有过的特殊气味，感觉罪犯在碰触自己。

案件发生数周后这些症状通常会明显好转，但若反复产生，则有可能长久持续下去。通常先是出现短暂的好转，一旦受害者压力变大，症状就又会加重，如此反复。有个三岁的孩子，在被罪犯强行侵犯的过程中，身体受到了严重伤害。案件过去几个月之后，孩子依然会在游戏治疗时瑟瑟发抖，指着角落说："那边有个黑衣服叔叔（罪犯）

在盯着我。"每当想起案件发生的场景，小家伙都会哭诉曾经受伤的部位疼痛（尽管已痊愈），让我帮他敷药。

　　曾有一位女性被变态跟踪犯性侵后挣脱而逃。在接受警察调查时，她却被误认为是精神分裂症患者，以至于她讲述的内容被质疑是她妄想出来的。尽管当事人意识清晰、辨别能力正常，但每当提及与罪犯相关的线索时，她都会一下子想起当时的情境，想到罪犯威胁"一起死"的声音，深受幻听的折磨。接受几个月心理治疗后，她开始逐渐意识到，这个声音并不是来自罪犯，而是来自自己的内心。认清了这个事实之后，她慢慢可以掌控这个声音了。尽管克服了幻听，但她依然觉得罪犯可能一直在暗处盯着自己，时刻企图再次行凶。她用了漫长的三年时间，才逐渐摆脱了心理阴影。

　　这些症状都是急性压力反应的一部分，只要不是存在由生物学因素导致的精神障碍，基本都会自然消失，只是持续时间长短的问题。不过，如果受害者不懂这些专业知识，以为自己的精神出了问题，就会陷入极度的恐慌之中。

　　有位杀人案受害者遗属打来电话，语气很慌张。我知道通常只有在危急时刻，患者才会打来电话，她来电话，说明她此刻正陷入紧急状况，急需帮助。通过她的讲述，我了解到最近她遇到一个久别的好友，和对方约好今天见面。她早早来到约会地点，等了一个多小时，却不见对方来。出于担心，她给对方打了电话。几声"嘟嘟"后对方接了电话，热情地说着客套话，听得她有点愕然和尴尬。于是，她问对方："约好的今天见面，是不是忘了？"朋友不知所措地说："我没有约过今天见面，我们上次通话已经是几个月前了。"

怎么会这样？尴尬之余，她连连道歉，仓皇地挂了电话。她拿起手机仔细翻看了和朋友的通话记录，上面显示和对方最后的通话时间是三个月前，而不是几天前。她第一反应是怀疑自己是不是精神出了问题。一想到这里，她很害怕，于是急着打来电话。我告诉她，任何人在高度压力下都可能出现这样的失误，还给她讲起我小时候看到鸡蛋鬼怪的故事，希望她听了之后能轻松一些，不那么焦虑。她这才舒了一口气说："所以，不是我有病，对吧？"语气也平静了许多。

信念方面

1. 失去安全感

在正常环境下长大的人，即便不刻意培养安全感，也可以自然而然地建立起对他人、对世界的信任与安全感，并在此基础上形成自己的思维方式和世界观，认为世界是安全的，在自己没做错的情况下，不公的事情不会发生。在之后的生活中，他接收到的新信息会被这个信念同化，一直抱着"世界是安全的"信念生活。[14]

现在变得防备心特强，谁也不相信。总是不安、心神不宁……担心儿子在国外遭遇事故，女儿外出联系不上时也会生气抓狂。

——摘自杀人未遂案受害者的陈述

如果突然遭遇像重大凶杀案这种可怕的恶性事件，那么一切将截然不同。现有的安逸的世界观无法维持下去，对自己、他人和整个世界的信念会在一朝之间全面崩塌。[15]从此，在受害者眼里，世界是充满险恶的地方。他们不但会过度担心自己的安全，也会过度担心家庭成员以及其他关系亲密的人的安全。他们会反复确认是否安全，出现强迫心理。如果面对的是年幼的子女，那么他们的这种行为会被子女认为是过度干涉和强制，进而激化亲子矛盾。

2. 失去信任感

在这个世界上，几乎所有的孩子都是在《小豆鼠和红豆鼠》《糖果屋》和《白雪公主》等童话故事灌输着的惩恶扬善的价值观中长大的。在这种价值观下，人们会形成一种信任感，即公平世界信念（just-world belief）。人们会觉得善良的人必然会被美好的事情围绕，坏事只会发生在坏人身上，笃信"只要我不做坏事，坏事就不会发生在我身上"。在这样的信任的基础上，人们带着安全感过着日常生活。**16**

当一些大大小小的坏事发生时，人们的公平世界信念会暂时动摇。不过，一般情况下，他们大都会通过反省自己的过失、总结应如何避免再次发生这种事情，从而迅速恢复安全感。吃一堑、长一智的经历会拓宽人们的可预见领域，相比过去，人们有了更强的自信心和复原力，进而有了直面和探索世界的勇气。

不过，如果遭遇的事情严重到无法用惩恶扬善的标准去得到一个较为合理的解释时，特别是遭遇犯罪伤害时，情况会有些不同。当他人的过失致使厄运降临到自己身上时，受害者就会意识到，原来独善其身并不能成为免受伤害的保障。此时公平世界信念彻底崩塌，被绝望和愤怒取而代之。罪行会把受害者瞬间打入地狱，扰乱他们的正常生活，由此带来的心理创伤也会严重损伤大脑。此时，对受害者来说，活着仅仅是机械麻木地喘气，他们不得不在内心种种可怕的压力下孤军奋战。

不仅如此，受害者还常常反问自己：是不是因为太坏，所以要承受这样沉重的打击？他们可能会仇视世界，做出一些自残行为，表现出敌对的态度和攻击性倾向。[17]

曾有一位性侵案受害者好不容易摆脱心理阴影，却在地铁站再次遇到了被偷拍的事情，于是便想：是不是自己本来就有问题，才会反复经历这种事件？一位中年女性的丈夫在一起凶杀案中被杀，她像患上强迫症一样，认为自己不是好人，才会以这种方式失去丈夫，千方百计地反思自己的过往，一点小小的过失都能令她自责不已。

家庭方面

就连丈夫笑，我都觉得很讨厌。孩子承受着巨大的痛苦，这个爸爸怎么还笑得出来呢？孩子一刻不在我身边，我就一刻也坐不住，总是焦虑不安。只要看到男性，我就紧张得要命。看到黑色轿车路过，我也会心里一寒，惊恐万分。

——摘自儿童诱拐案受害者母亲的陈述

二次伤害指的是犯罪案件发生后，社会、媒体、刑事司法机关办案人员等的言行带来的伤害。继发性创伤应激反应(secondary traumatic stress, STS)指的是由犯罪案件导致受害者身边重要的人出现创伤后遗症。因此，正在帮助受害者或想要帮助受害者的人，可能会出现这种症状。[18]受害者家属很容易出现继发性创伤应激反应。最近一项研究表明，罪案发生后，家庭成员蒙受的心理阴影不亚于受害者。[19]

特别是当受害者为未成年人时，父母需要代替孩子参与刑事司法过程，接触案件相关信息，进而产生严重的继发性创伤应激反应。继发性创伤应激反应与创伤后应激障碍表现一样，包括创伤性再体验、过度警觉、回避思维与情绪负面化等。如果症状出现在家长身上，家长由于觉得自己没有保护好孩子进而产生内疚、自责、厌恶、愤怒等情绪，症状会表现得更为复杂，心理干预的难度也会加大。

此外，家长之前存在的一些问题也有可能被继发性创伤应激反应刺激出来，因此很多时候我们分不清究竟哪些是继发性创伤应激反应，哪些是家长之前本就存在的问题。曾经有位母亲在处理孩子被性侵案件的过程中，一度忘却的童年时期遭遇性暴力的记忆再次浮现出来。在这一刻，自己对孩子的情绪反应中哪一部分源于自身未解决的童年时期的阴影，哪一部分源于孩子遭受的性暴力伤害，她无法分辨清楚，处在痛苦纠结中。

更大的问题是，当父母深受继发性创伤应激反应的折磨时，他们没有多余的心思和精力给孩子正常的照顾。继发性创伤应激反应会耗尽内在能量，因为一件小事他们都容易烦躁、仇恨对方，无法做出理性、合理的判断，使正常的亲子关系恶化。在多子女家庭中，家长出于对受害子女的极度的负罪感，不自觉地表现出过度的偏袒，忽略了其他子女，继而引发孩子的情绪问题。当家长以保护孩子的借口过度限制孩子行为时，反而会让孩子觉得父母在干涉自己，导致亲子关系恶化，双方的心理都受到影响。

父母很忌讳孩子的受害经历被更多的人知道，因此他们总是让孩子管好自己的嘴，却常常事与愿违。尤其是年纪小的孩子，他们更容易不分场合地说出内心的想法和担忧。从人的发育特点来看，这属于正常、自然的反应，但由于家长想努力隐瞒这段"不光彩的经历"，孩子的"童言无忌"便令他们慌乱不安，继而责备和训斥孩子，让孩子感到羞耻，充满负罪感。

受害者都渴望能在一个安全的环境中，和自己深信的对象倾诉痛苦压抑的往事，这对他们发泄情绪、摆脱心理阴影非常重要，但产生继发性创伤应激反应的家长无法给孩子这种包容和倾诉的机会。令人遗憾的是，不少家长为了进一步了解案件过程，会在不适合谈论这个话题的地方，以不妥当的方式追问孩子，甚至反复渗透式地问孩子。他们错失了本可以通过治愈的"谈话"来帮孩子恢复的机会。

无论是有意还是无意，这种行为对受害子女来说无疑是二次伤害，加重了他们的心理创伤，令症状很难好转。孩子本可以通过诉说心理创伤事件感觉到被包容、理解和安慰，但这一权利却因家长不恰当的做法被剥夺，从而不得不面对和承受莫须有的负罪感、耻辱感、不适感、恐惧感等额外的心理压力。

父母双方其中一人产生继发性创伤应激反应时，很容易对另一半产生抱怨心理，认为对方冷漠无情，没有责任心、同情心。没有产生继发性创伤应激反应的一方，则认为对方过于敏感、苛刻、感情用事，并为此牢骚不止。这会激化夫妻矛盾，而旁观整个过程的子女更是忍受着痛苦。这种现象如果一直持续，家庭保护家人的作用就会被削弱，家庭反而成了激化矛盾、互相折磨的地方。严重时，整个家庭可能会彻底破裂。

有个女孩从小聪明伶俐，是全家人的骄傲，可是却在一次回家的路上被陌生人杀害。以前都是父亲接孩子，偏偏这天因为事情比较多没有去，这也成了他懊悔和自责一辈子的事。女孩遇害时，母亲正在家里看电视剧，这让她对自己更是深恶痛绝起来。女孩的弟弟同样在无形中给自己增加了压力，他认为现在姐姐不在了，自己应该代替姐姐成为这个家的骄傲，自己应该更优秀。他们都在以各自的方式祭奠死者，无比压抑和痛苦，甚至没有多余的精力去关心身边的人。有时候，他们会抓狂般地想念死者，却因为生怕勾起家人们的痛苦而不敢开口。

几个月后，父亲开始将精力投入于将儿子打造成全家的骄傲，母亲开始频繁地去教会祷告，儿子因为感觉到父母过于沉重的关心和期待，开始极力逃避现实，沉迷于游戏。尽管做了各种努力，但心理干预并没有在这个家庭里起到多大的效果。案件了结不到三个月，他们彻底没了消息。

当受害者是家长时，其子女就会深陷于继发性创伤应激反应所引发的痛苦中。家长在被心理创伤折磨时，会因为无法控制情绪而出现突然暴怒、歇斯底里、冲动、暴力对待子女等倾向，从情绪和身体上对子女施虐。越是年幼的孩子，与这种父母共同生活的痛苦就越强烈。孩子看到父母反常的样子，很容易误以为是自己的原因才导致父母变成这样，从而生出莫名的负罪感。孩子小小的内心还会因为担心父母会不会突然死掉，或者突然离开自己、抛弃自己而陷入种种不安和焦虑中。

因此，如果受害者有年幼的子女，我们心理工作者不但要关注受害者的治疗恢复，还要密切关注其子女的心理治疗。如果不能及时干预并给予有效的解决方法，家长的心理创伤会变为对子女的虐待和放任。由此导致的脑损伤和内心伤害，不但会破坏孩子的适应能力，还会破坏他们将来为人父母时对其子女的照顾能力。我们要记住，受害者的后遗症会影响两代甚至三代。

人际关系方面

即便是现在，我还是忍不住疯狂地想念孩子，不相信孩子已经离开了这个世界，时常感觉像在做梦一样。有时也会没心没肺地和人们说说笑笑。外人看到我有说有笑，就以为我已经忘了过去。这让我感觉不被人理解，孤单和委屈。

——摘自凶杀案遗属的陈述

犯罪行为在夺走受害者安全感的同时，还会给他们植入受害意识。许多受害者会在案发后相当长的一段时间里变得多疑、排斥他人。他们会经常与周围的人出现大大小小的矛盾，破坏正常的人际关系，丢掉原本可以让自己尽快痊愈的支持力量，将自己置于孤立无援的境地。

最初百分之百给予理解与支持的家人，随着时间一天一天流逝，也会逐渐对受害者不能尽快摆脱阴影流露出不满，甚至开始催促和责备他们。一旦觉得连自己的家人都不理解自己，受害者就会陷入绝望和无助，变得更加愤怒。这样的事情频繁发生，情绪一天天积攒起来，受害者会觉得世界充满恶意，开始仇视世界，感觉自己成了独自面对险恶社会的斗士，因而自暴自弃，借助酒精和游戏等逃避世界。

看到男的，我的头脑里会浮现出"肯定和罪犯是一类人"这种想法。路过的陌生男人瞟过来一眼，我也会觉得"想什么呢！肮脏的家伙！"，所以，我现在尽量不跟异性接触。

——摘自性暴力受害者的陈述

创伤后遗症是破坏受害者人际关系的因素之一。对处于过度警觉状态中的受害者来说，各种噪声无疑都是难以承受的刺激。因此，很多受害者都会逃避与人见面。尤其是遇到和罪犯性别相同或衣着相似的人时，他们大多会主动回避。受害者会变得过度依赖监护人、恋人、朋友，这种过度依赖会让周围的人透不过气来，从而导致关系恶化。

失去安全感，不安的邻居

情绪方面

继发性创伤应激反应不但会出现在受害者家属身上，还会出现在周围人及邻居身上。比如对于无差别犯罪，案件属性会令相关亲密人士的掌控感丧失，有可能是受害者的亲密朋友，也有可能是负责照顾受害者的看护人。

居住地或工作地点距离案发现场很近的人，也容易产生继发性创伤应激反应。过近的地理环境令他们无法摆脱焦虑，总觉得自己可能被坏人盯上，沦为犯罪目标。由此导致的焦虑和恐惧会让人们对案件相关信息极其敏感、反应过度，催生出悲伤、愤怒等强烈的情绪反应。[20]

信念方面

这世上大多数人是善良的。尽管从历史上看，出于利己之心或单纯的好奇心而犯下滔天大罪的人一直存在，但人类依旧放下了对共同体成员的质疑和担心，选择信任和依赖他们。事实上，这种选择非但没有导致世界走向灭亡，反而促进了人类社会的发展。对共同体成员加以信任和包容的另一面，是对非共同体成员的怀疑和排斥，这会以区别对待、厌恶等形式危害共同体的健全。但相比怀疑那些为了生存而共享相同亚文化群的其他个体，选择相信更为有益。

蒂莫西·莱文 (Timothy Levine) 教授认为，人类具有一种倾向：愿意相信对方是真实的，认为真实性是基本状态，并在这一前提下与他人沟通。然而，随着犯罪案件的发生，这种信任遭到破坏，人们开始变得警惕和怀疑一切。好在人类有惊人的遗忘能力及合理化能力，大部分情况下，人们会随着时间的流逝，重新找回对他人的信任和信赖（时间上存在个体差异）。

如果相似的事情反复发生，集体的复原力就会严重受损，导致共同体的健全性被破坏。到了这个阶段，身边人可能就不再是受害者最坚实的支持者、依赖者，而成了最有力的二次加害者。

共情的代价，对办案人员的冲击

情绪方面

案发现场的细节很容易反复在大脑中呈现。随处可见的斑驳血迹、受害者试图逃脱的种种挣扎痕迹、血肉模糊的面孔……很自然地让人联想到案发现场的惊心动魄，这令人窒息、透不过气、浑身战栗。像今天这样的下雨天，心绪沉淀下来，头脑里就更容易浮现出那一幕幕现场画面，一整天都感觉异常压抑，很难走出来，会难过、流眼泪。我们这个工作并不是越做越熟练、越做越轻松，而是越来越沉重、越来越心累。即便做了再久，每次也很难轻松面对。

——摘自凶杀现场清理人员的陈述

刺鼻的血腥味、特殊药剂的味道……我现在都不太敢去那些消毒味很重的医院。除非病得太厉害，我才会去社区医院看大夫，开个处方，领完药就赶紧回家。那里的消毒水味很重，多一分钟我都待不下去，它会让我想起我在案发现场工作时看到的惨绝人寰的一幕幕。那气味和我在案发现场清理血迹时使用的消毒药水气味一模一样。

——摘自凶杀现场清理人员的陈述

作为办案人员，在被指定新的救助对象后，需要从身心两方面为受害者提供援助。这就注定他们对继发性创伤应激反应没有太强的免疫力。研究证实，119急救人员、现场出警人员、凶杀案案发现场清理人员、急救科医务人员、受害者心理援助机构工作人员、心理健康专家等，会直接或间接出现在犯罪事件的相关信息中，注定深受继发性创伤应激之痛。[21]

越是善于投入情感的办案人员，继发性创伤应激症状就越严重。曾经把犯罪案件作为"待办工作"，从心理上保持理性距离，对继发性创伤应激反应表现出较强承受力和免疫力的办案人员，一旦接手特殊案件，比如受害者是自己的家属、同事或朋友时，他们就会在办理案件的过程中更加不安、恐惧、悲痛、愤怒，因为这些受害者注定会让他们投入更多的感情。

从这点来看，办案人员在工作中客观看待案情，并试图保持一定距离，这是一种生存本能。只是如果这种自我保护使办案人员的态度过于客观，在工作中需要共情能力时反而会出现障碍。这会让办案人员陷入两难境地，无法保持两者间的平衡，更容易产生同情疲劳综合征或替代性创伤。

同情疲劳

有时候会在内心里偷偷祷告，希望不要有人来预约心理咨询。从理性大脑出发，我完全可以理解受害者遭遇的痛苦和混乱，但心里并不希望面对来访者。这样的想法一旦多起来，我会觉得是不是我这个人人品和素质有问题、格局不够大，于是常常抑郁。我不确定是否要长期做这份工作。

——受害者援助机构工作人员的陈述

同情疲劳 (共情疲劳)，是与继发性创伤应激反应、替代性创伤、心理倦怠等有重合的概念，指情绪或身体的倦怠导致个人对他人的同情和怜悯能力减退。不同于业务环境、工作原因导致的心理倦怠，同情疲劳的起因是照顾受害者的特殊工作经历，症状包括愤怒、冷漠、不适应感、缺乏效能感、应对能力下降等。同情疲劳不但会降低工作效率，还会使办案人员很难对受害者给予应有的同情。[22]

同情疲劳，又叫热情疲劳。在看护受害者的过程中，越是耗费过多精力的人，就越容易出现同情疲劳。由于没能与受害者保持适当的心理距离，对受害者的处境给予过度共情，看护人的心理超负荷、能量耗尽。当这种状态接近某个临界值时，看护人的同情心会突然减弱，对受害者表现出冷漠的态度，甚至不再有同情心，像对待物品一样漫不经心，而这样的结果与看护人的初衷是相悖的。当受害者的恢复速度与看护人的付出与照顾不成正比，或者看护人对自己要求过高甚至自我归咎时，这种同情疲劳会更快出现，也更严重。

替代性创伤

大概是10年前的某一天，我与一起凶案的受害者家属长谈了3个小时，对方细数着凶案现场的细节。那天结束面谈，半夜独自回家，我总觉得身后有人在跟踪我，吓得我走几步就要回头看看。那天夜里，我梦到了自己被尖刀刺穿肚子。惊醒后，那种剜肉的痛感一直挥之不去。显然，我出现了继发性创伤应激反应。幸好，现在这个心理阴影已经基本消失了。

自那之后，我时刻保持一种高度警惕和防御的心理，以保证当突如其来的风险伤害到我和家人时，我能第一时间做出回应。这种状态直到现在也没变。平时我会一直告诉自己，这个世界没有我想的那样危险重重，并努力保持对这个世界的信任。维持日常生活倒没什么大碍，但我承认，我再也回不到过去了。

之前没有接触受害者援助工作时，我可以为了沟通便利敞开玄关门，或者为了省事半夜走没有路灯的漆黑巷子，或者在社交网站上上传个人头像并记录一些私密事件。

自从从事了这份工作，我学会了……嗯……比如为人善良、低调、不张扬，安静过活。有人问我怎么活得那么卑微，其实我觉得如果不从事现在这种工作的话，我可能不会变成这样，客客气气喊对方"先生"，然后点头哈腰。这成了一种日常习惯。我生怕不经意间得罪对方，遭到恶意报复。

——摘自受害者援助机构工作人员的陈述

我绝不会走路回家，特别是深夜，一定会打车，而且车开到家门口才行。我不敢一个人走路。因为总觉得有人会突然从背后袭击我，所以走路时我会一直不放心地往后看。同学聚会时，我会提前定好饭后谁送我回家，然后才敢放心吃喝，否则我会一直忧心忡忡，根本没心思吃饭。

——摘自受害者援助机构工作人员的陈述

以上症状是替代性创伤的表现。这种症状普遍出现在办案援助人员身上。[23]

替代性创伤和继发性创伤应激反应、心理倦怠、同情疲劳等术语经常被混淆和混用，但替代性创伤有一个明显区别于其他概念的特有症状，就是偏好和信念发生变化。[24] 替代性创伤不仅会令办案人员在精神、力量、自我控制感上出现不适感，还会导致他们的安全感、自尊感、亲密感、信任体系、个人价值观和世界观瓦解，严重时还会引发创伤后应激障碍。[25]

在正常环境中成长的人，无论是对这个世界还是对人，都会持有最基本的信任和安全感，看待世界的角度也会以这种信任为基础。[26] 而长期从事受害者援助工作的人，他们在工作期间每天目睹残忍血腥的犯罪现场，近距离聆听和感受受害者的痛苦，这会令他们原有的信任体系遭到严重破坏。受害者讲述事情经过时，案件现场的气味、声音、触感都会鲜活地传递到办案人员大脑中，犹如冰冷的黑夜带来无尽的恐惧。这种恐惧会严重干扰到正常睡眠，影响他们的力量感、信任感、愉悦感以及正常的人际关系。[27]

替代性创伤源于受害者援助工作的特殊性，他们长期频繁接触心理创伤事件受害者，深入倾听对方的内心，高度共情。由于个体差异，有些人容易出现替代性创伤，有些人免疫力相对强一些。但受害者援助工作的特殊性，无疑是工作人员容易出现替代性创伤的风险因素之一。

安全感一旦崩塌，很难再恢复。替代性创伤的经历或许会带来精神上的成长 (即替代性创伤后成长)，但这并不意味着人们能恢复到与以往同等的程度。这种情况下，人们能做的最大努力，就是习惯和熟悉替代性创伤的症状，避免它对当下生活造成过多的影响。替代性创伤不仅会威胁到办案人员的精神稳定，还会大大降低他们的工作效率，是有待社会各阶层共同关注和重视的重要课题。

社会品质与犯罪

犯罪的社会成本

犯罪案件对社会成本的消耗十分巨大，通常包括安保、防范、保险等环节耗费的预防费用，犯罪案件引发的财产损失，身体伤害和精神伤害导致的资金耗费，侦察机关、矫正机构运营经费等。2011年，韩国刑事政策研究院发布的一份报告显示，2008年，韩国全年因犯罪案件产生的社会费用大概为158万亿韩元，[28]相当于每个公民每年要负担326.5万韩元的相关费用。

有报道称，曾给韩国社会带来轩然大波的连环杀手柳永哲、姜浩顺、徐振环，仅这三个罪犯犯下的罪行导致的社会费用就高达5557亿韩元。[29]关于这笔社会费用的近期数据较难考证，但可以肯定的是，这些费用并不会随着时间的流逝而减少。近年来，经常有多媒体用户在未经审核的情况下随意发布具有刺激性的犯罪类素材，这就在无形中加大了国民的不安和焦虑程度。如果连同这部分的成本耗损一起考虑，相比2008年，社会费用是上升的。

2016年，韩国刑事政策研究院发布的研究结果显示，监管对象的重复犯罪率降低1%时，耗费在防止重复犯罪事宜上的社会费用每年约减少903亿韩元。[30]这也说明劳改工作和心理疏导工作对预防重复犯罪极为重要。

社会品质倒退

社会品质是社会构成后公民在社会环境里能充分发挥自我潜能，并享受经济、文化生活的状态。优质社会品质意味着安全、互信、有包容、有活力。[31]犯罪行为无疑是降低社会品质的主要因素。

一个优质的社会同时应该是一个完整的治愈共同体。如果罪案反复发生，社会质量必然会降低。这时，国民会陷入随时沦为受害者的焦虑恐慌中，很难维持互惠互信的关系，且会失去基本的自愈能力。

冷酷世界症候群 (Mean World Syndrome)

犯罪行为不但会剥夺人们的安全感，还会破坏人们对世界怀有的美好期待和好奇心，严重时甚至会击垮人们的同情心，使人们出现冷酷世界症候群的表现。20世纪70年代，新闻工作者乔治·葛伯纳 (George Gerbner) 第一次提出"冷酷世界症候群"这一概念：通过媒体频繁地间接接触暴力事件时，人们会出现认知偏差，认为当前社会比想象中更危险、更险恶。

葛伯纳认为，具有冷酷世界症候群特征的人对犯罪案件和环境刺激会表现出更多的恐惧，过度敏感，过度警惕，处世观也过度悲观。他们的关注点集中于世间险恶上，对一起案件的受害者承受了多大的痛苦，他们反倒冷漠和麻木许多。

这是因为办案人员在工作中过于想保护自己，让自己免于面临风险，从而导致工作重心偏离，无暇顾及受害者的立场，失去了安慰和照顾受害者的能力。这与同情疲劳相似。当反复直接或间接处于犯罪案件的阴影下时，整个社会仿佛都患上了同情疲劳。

小结

犯罪案件会给受害者的身体、心理、人际关系等方面造成巨大创伤，由此产生庞大的社会费用。除了犯罪行为带来的直接或间接性损失（一次伤害），案件终结后，在与大众传媒、地区社会、刑事司法机关的接触过程中，受害者可能会遭遇或大或小的二次伤害。[32] 有的时候，二次伤害程度会远远大于一次伤害。这些遭遇会改变受害者的生活轨迹，引发交际困难、抑郁症、性格障碍、自杀等各种问题，这些被称为三次伤害。

　　犯罪行为不仅会影响受害者，还会给其家属、地域共同体以及社会品质带来不可估量的伤害。在案件处理过程中，很多人会产生继发性创伤应激障碍和替代性创伤，这会激起民众对刑事司法机关等国家机关的不信任和仇视感。一旦因不信任导致报警率减少，整个社会的健全性将会大打折扣。对犯罪案件的不安和恐惧心理会引发人们内心的恐慌，进而需要更多的社会费用来维持社会治安。这些问题表明，犯罪问题不仅仅是存在于加害者和受害者之间的问题，更是需要社会全体成员持续关注和积极应对的社会问题。

第五章

还值得活下去的信念

人们像对待一个受害者一样对待我，好像受害者是我本人一样。我特别讨厌和那些人接触，他们动不动就一副同情者的腔调。以前从不关心，妈妈去世后却开始跑过来各种表现自己的热心肠，次数多了我自然感到压力很大，特烦，甚至想死。

我现在喜欢避开人群，一个人待着。我想要的无非是他们能像对待正常邻居一样对待我，而不是把我当成一个受害者看待，把我当作社会正常一员自然对待就行。

——摘自凶杀案遗属的陈述

一旦被罪犯盯上，每个人都有可能成为受害者。这是我们之所以关注受害者保护课题的一大原因。我们当下对受害者表现出的同情和关怀，或许是给将来的自己最好的保障。我们在思考促进受害者康复、让他们健康生活的因素时，不妨像查看自己的保险条款一样仔细和用心，思考如何做才能让我们身边的受害者重新健康阳光地回归日常生活。

生活的主人翁意识

几年前，我读过一篇有趣的报道，题目为《开启心理创伤治愈时代：让实验中的白鼠忘掉痛苦记忆已实现》。[1]这个题目足以吸引我这个心理创伤研究员兼治疗师。报道称，多伦多大学神经科学研究组为白鼠注射一种特殊化学物质后，可有效遏制特定细胞的活动，从而消除该部分细胞所储存的记忆。一旦这项研究技术成熟，即可实现有针对性地消除心理创伤记忆，抑制这部分记忆带来的精神痛苦。

这无论是对深受心理创伤之苦的受害者，还是对从事相关工作的人来说，都是令人振奋的消息，犹如黑暗的天际出现一抹阳光。但很快，我生出一个疑问：如果把带有可怕记忆的细胞抑制住，是不是所有问题就都解决了？是不是清除记忆，就能让因为心理创伤严重受损的大脑自动恢复原有功能？心理的治疗过程可证实，除了大脑中保留着可怕记忆，身体的其他一些部位也会清晰地保留着那些可怕的记忆。那么，当清除大脑中储存的创伤记忆时，身体其他部位的创伤记忆是不是也会消失？如果能，那么彻底清除心理创伤的人的人生从此只剩下幸福了吗？

我知道，那些深受心理创伤折磨，尤其是因犯罪创伤后遗症生不如死的受害者，如果问他们是否愿意清除记忆，他们肯定会毫不犹豫地说愿意。换作我，我也会这样选择。但是，从心理创伤中得到内心成长的人，也许会选择不删除这段记忆。

　　每个人都是靠自己成长的。无论是通过痛苦的挣扎，还是为保持以往的优雅做出的隐忍和压抑式挣扎，在经历了心理创伤事件后，成长依然会持续不断。一切后遗症都源于试图从心理创伤中走出来的尝试和努力。在这个过程中，每个人都会根据自己的承受能力，按照自己的方式去促成心理上的成长。在常年坚守心理治疗工作岗位的过程中，我目睹了患者们是如何按照各自的方式努力将心理创伤与生活进行整合的，可以说我是他们的陪伴者，亦是最好的见证人。同样，他们也是我的人生导师，他们时刻都在提醒我人类内在的自愈能力是多么强大。

　　在经历心理创伤事件后，无论是自我认知还是人际关系都会比之前更加成熟，包括人生态度，这种现象被称为创伤后成长。[2] 创伤后成长在速度和方式上有着很大的个体差异，有些人坚持不懈地持续走向成熟，也有一些人在事后短暂的一段时期内快速成长，但从某个瞬间（通常是生活压力增加，或被另一种心理创伤伤害时）开始成长滞缓甚至暂停。还有一些人，他们平时深受心理创伤折磨，在经历了漫长的时间后的某个瞬间会突然大彻大悟。

　　需注意的是，多数情况下，这种成长速度远比周围人的期望值滞后许多。因此，随着时间的流逝，当周围的人的耐心耗尽时，便开始因受害者不能尽快恢复而面露不满。以我多年的观察经验，我发现受害者周围的人保持耐心的期限短则三个月，长则六个月。

虽然并不多见，但是有些家属和周围的人，他们数年如一日，用极强的耐心陪同受害者走出漫长的创伤时期。能维持好心理界限，且有足够的耐心等待，这就是最好的治愈方案。但如果家属和周围的人对受害者的痛苦无限制共情、过度关注、超越了界限，那么受害者的成长速度反而会变得缓慢。

帮助受害者从心理创伤中走出来，重新开始正常生活，这需要国家、共同体成员的共同努力。但这并不表示受害者本人可以全程什么都不做。一个人成了受害者，并不代表他不用再对自己的人生负责。虽然受了伤害，但是他们依然有"对没有受到犯罪伤害的人生负责任"的责任。当意识到责任的重大时，他们就会获得成长的动力。

周围的人给予过多保护和小心翼翼的特殊照顾，反而会让受害者变得软弱，削弱他们的成长意愿。严重时，他们甚至会把生活中遭遇的大大小小的难题归咎于承受过犯罪伤害，拒绝向前迈一步。这时，受害者自己主动选择了"像个受害者应有的样子"去生活，自我洗脑、自我驯服，最终按照符合受害者身份的方式生活。这是前面提过的自证预言的结果。

正因如此，除非有特殊原因，否则在为受害者做心理咨询的开始阶段，我都会言辞小心、语气明确地告知对方：通过心理咨询达到怎样的治愈效果，责任在你自己，而不是咨询师。有些受害者在听到这句话后，会有点手足无措，但大多数受害者会欣然接受这个观点，表现出更高的咨询意愿。尽管是受害者，但认为自己依然可以成为生活的主人翁这种心态，对恢复主体意志非常重要。

换言之，受害者的家属、邻居以及帮助受害者摆脱心理阴影的工作人员，都不可能是救助者。能够解救自己的，唯有受害者自己。周边的人不是救援者，而是强有力的助力者。在保持应有的同情心和感同身受的同时，我们要保持清醒，捍卫好受害者的心理界限，不随意冒犯，让受害者能够清醒地意识到自己才是其人生的主人。

促进恢复的因素

在犯罪导致的心理创伤的恢复过程中，加害者与受害者之间的关系、类似案件的犯罪特性、受害者的心理特质和社会文化等错综复杂的因素会交织在一起，发挥综合作用，影响受害者的恢复。对某些受害者可能是起到保护作用的因素，对另一些受害者可能意味着风险。比如，加害者是受害者认识的人这一因素：对某些受害者来说，由于是认识的人，因此可提高"预防性警惕"，这时它就是一种保护因素；但是对另一些受害者来说，熟人作案反而提高了被报复的可能性，这时它就是危险因素。诸多研究人员和相关领域的工作人员通过共同探讨总结出的保护因素，可以总结为以下几点。

时间

我接触过的咨询对象各自抱着不同的故事来接受治疗。在与他们面谈的过程中，我听到最多的一句话便是"如果能回到过去该多好"。假设我们能把当前获得的智慧带回过去，相信几乎所有人都认为自己在面对抉择时肯定能做出比当年更为明智的选择，会毫不犹豫地选择回到过去。如果回到过去的条件是必须放弃当前领悟到的所有认知，那么又会有几个人会毫不犹豫地选择回到过去呢？

人类具有两面性，既有将事情合理化、做出理性判断的倾向，也有故意将事情非合理化、让自己的生活走向毁灭的倾向。正因如此，人们经常会做一些愚蠢而错误的决定，事后又懊悔不已，在这样的反反复复中突然发现真正的自我价值，进而得到成长。从这一点来看，我们曾经的任何一个瞬间都有其意义和价值。如果没有经历那个"无价值、无意义"的瞬间，恐怕不会有现在的自己。

无论男女老少，人类都是自己人生的主人，每个瞬间都在按照自己的方式运营自己的人生。可能在别人眼里，自己无比幼稚、懒惰，没有责任心，但不可否认，在那个时候，对那时的自己而言，我们已经全力以赴了。尽管如此，依然有很多人在回顾过去时表示后悔，并希望能够一切重来。之所以这样，大概也是因为人们内心里无比清楚一切不可能重来。

有不少受害者，明明知道不可能回到过去，却一直奢望能重新再来，在无数个深夜里无法释怀，久久无法入睡。以我多年的工作经验来看，这一时期可以被视为受害者为接受现实所经历的一个磨合期。我曾经接触过的那些受害者，他们在身心两方面彻底接受了无法回到过去这样的事实之后才开始停止后悔，开始了原谅自己、原谅这个世界的旅程。

当受害者表示"希望能重新再来"时，很多人都会告诉他："过去的不可能重新再来一次，还是早早忘掉吧。"遗忘是上天赐予我们的最宝贵的礼物，但遗憾的是，越是痛苦的记忆，越是遗忘得缓慢。大脑甚至会拒绝遗忘创伤事件。当发生险情时，大脑会百分之百预见该事件再次发生的可能性。如果大脑中的创伤事件统统被删除，就意味着再次发生相似情况时人们无法快速做出反应。

因此，我和专业从事心理治疗的专家都不会谈论创伤记忆忘却论。我们能做的，是积极摸索出能与创伤记忆共存的、积极的生存方法，即克服。治愈心理创伤，要以漫长而煎熬的时间为代价，并不是借助镇静剂来缓解痛苦和悲伤后，创伤就能自行消失。受害者需要直面痛苦记忆，熬过痛苦的时间，直到放过自己，才能真正让心理创伤成为过往。

仅有的看护人

我们不难猜到，治愈心理创伤最有力的推动因素是时间。可是，我们无法对受害者说"时间会解决一切。忍耐些，等待一下"。这句话能满足说话的人"渴望安慰的需求"，但对受害者来说，更像是一个空泛的文字游戏。我在咨询过程中接触到的众多受害者曾坦言，家人、朋友说的那些安慰的话，不但毫无用处，反而像毒液一样让其更受刺激。

时间对每个人都是公平的。同样的时间，每个人会用不同的内容去填充，因此从结论上看，时间的积极有效性也因人而异。如果我们能在确保绝对具有保护性的环境下生活，时间无疑是治愈心理创伤最好的特效药。但对独自面对心理创伤的人来说，漫长的时间会成为另一种痛苦。这些痛苦日积月累，会成为加剧症状的因素。

治愈心理创伤的过程注定漫长且困难重重，很多人难以独自承受。以"死亡论"深受业界敬仰的权威人士伊丽莎白·库伯勒-罗斯 (Elisabeth Kübler-Ross) 曾说过："哪怕只有一人陪伴，这个恢复路程也不至于那么孤单和孤独，痛苦的时间也会大大缩短。"受害者感受到的社会支持不仅可以作为缓冲器，减轻受害者因犯罪事件导致的抑郁、不安、仇恨心理等问题，还能帮助受害者在经历可怕的事件后，顺利适应和面对各种压力，这些已在其他研究中得到验证。[3] 当援助和呵护受害者的人由一个变为两个、三个时，受害者的恢复速度会更快，共同体的健康指数也会进一步提升。

尽管周围人的关心和照顾对受害者的恢复有着非常重要的作用，但事实上很多受害者对案件发生后周围人高涨的关注热情表现出不适应和不喜欢，甚至认为周围人说的关心的话侵犯到了自己 (如果是平时，肯定会感觉到对方的善意和关心)。他们认为，周围人说这些话仅仅是出于简单的好奇心，甚至是出于偷窥隐私的变态心理，而不是出于安慰。甚至就连来自朋友、亲戚和邻居的同情的视线，也成了令他们不快的多余的关心，他们也因此而变得更孤独、更避世。

是什么导致善意被误解呢？这是因为，受害者的心理和身体状况不同于平时。这正是我们需要普及如何做受害者理性的身边人的相关知识的必要性，受害者需要的是不同于平时的另一种关心和体谅。

我和同事们在对待受害者时，会特别注意不让他们感觉到孤立无助。比如，有的受害者并没有平时可以沟通的家属或邻居，独自承受着生活的枯燥无味。我们会每天早晨给他打早安电话，问候一下，说说这一天的天气；有的受害者腿脚不方便，从地下单间走到外面都需要费很大一番力气，我们会借助福利院的帮助，为他提供饭菜，并派出能够聊天的工作人员；有位母亲失去了挚爱的儿子，却要承受周围人的恶意言论，说什么"这都是那孩子不争气自找的"，以至于这位母亲连为孩子哀悼的勇气都没有，我们便特意为她的孩子举办了一个追悼会，一起烤曲奇饼、制作香烛，并通过画画的方式来怀念孩子。

这样的关心和帮助，一次又一次落实到当事人身上，随着时间的流逝，他们会一点点感受到安全和平稳，学会将心理创伤和现实生活整合在一起，慢慢站起来。未来，当我们的左右邻居可以做到这些时，受害者就更容易感受到这个世界的友善。

工作

我在制定受害者援助工作计划时，有一点必须亲自确认，那就是这件事情有没有令受害者放弃之前的工作。犯罪事件会让受害者的心理和生活环境发生天翻地覆的变化。由于短暂的大脑受损，他们不但无法很好地适应日常生活，工作能力也会大大降低，因此很多受害者都会考虑是否要停职，或者辞职。

我会劝受害者，尽管遭遇了沉重的打击，但尽可能还是要坚持上班。一些固体活动、兴趣活动、社交活动最好也继续保持，哪怕频率降低一些，其目的在于尽可能将生活环境保持在与事发前相似的状态，从而减轻事件带来的心理打击。

无论是工作还是兴趣爱好，能全身心投入地做事，就意味着他们可以有个透气的机会。许多受害者在经历打击后并没有因此减少工作，这大概是一种本能。有些人为了避免痛苦的记忆在休闲空隙时乘虚而入，会更疯狂地投入到工作和日常事务当中。虽然我在前面讲"时间是良药"，但在孤立无援的状态下，时间更令人生畏。很多受害者在独处的过程中，会把过多的时间和精力耗费在反刍上，而过度的反刍只会增加莫名的负罪感和愤怒感。与其这样度过，不如将时间更多地投入到工作中。哪怕工作能力不如以前，会给其他同事增加一些麻烦，也总比将精力投入在痛苦的记忆上好许多。

有名受害者家属在家人遇害后开始频繁地去教堂。之前几乎不怎么做礼拜，现在一周能去三次，还特意报了一个讲师资格证培训班。尽管听不懂讲师在讲什么，但他依然每晚去培训班听两小时的培训课程。他甚至主动帮助身边的人，忙得不亦乐乎，但连自己中午吃了什么也想不起来。如果不得不长时间独处，他就会在马路上漫无边际地走很久，累到不用借助安眠药也能瘫倒就睡的程度才肯罢休。他能做的事情就是这些，而且只有这样做，他才能记起自己在哪里、在活着。也正因为这些，他才能在透不过气的悲伤当中得到片刻的缓解。

如果大脑承受的打击严重到无法专注到工作当中，受害者通常会被劝告减少工作量，或者停薪留职。有一份能够随时回去的工作，可以使人们保持对生活的向往。所以，我们会尽可能劝他们停薪留职，而不是离职退休，也会为此四处奔走，帮忙办理各种审批程序。如果在案件发生之前他们就不能很好地适应社会，或者二次伤害的氛围已经在公司、生活圈等蔓延，我会建议他们借着这次案件的发生，重建新生活。这时，我们的核心工作就是帮助当事人在新的环境里构建起新的关系网。

保持案发之前的生活结构，不仅能缓解受害者的心理混乱，还可以帮他们维持之前的管控能力。这为他们恢复正常提供了重要的前提条件。无论是工作、在家照看孩子，还是忙于兴趣爱好，或是纯粹地打发时间，都不重要。只要是按一定的规律让身体动起来，去做某件事情，就可以让大脑平静下来。因此，我们会尽量给无事可做的受害者安排一些简单的工作，特别是手工类的事情，比如做针线活、织毛衣、刺绣、烘焙曲奇饼、画画、填色等。

对神灵的期待

我这个人并不信教，但是噩梦惊醒后我会不自觉地做祈祷。沉默着祈祷，有时候也会哭。祈祷过后，我又会不知不觉睡着。

——摘自凶杀案遗属的陈述

分析心理学创始人卡尔·荣格 (Carl Jung) 在探访各国的途中观察了宗教的普遍性和一般性，并在此基础上提出，人类的集体无意识中存在着灵性以及对宗教的信念。在他的观点中，心理治疗的本质在于来访者发现内心的神灵的一面，从而实现自我。[4] 其实，即便不借助于神灵，人类也好像具有追求灵性的特性。追求内在价值与意义时，人会感动，并且懂得对日常的一切保持感恩的心，这本身已经说明人具有追求灵性的特性。[5]

值得注意的是，当发生引发心理创伤的犯罪事件时，人们追求灵性的倾向会更加明显，但存在个体差异。有些人会表现出对于神灵的怨恨、怀疑、愤怒等消极思想和情绪，陷入严重的内心混乱，不再相信曾经信仰的宗教，或者干脆改掉宗教信仰。而有些人则走向另一个极端，他们更加热衷于宗教活动，试图用神灵的观点解释创伤事件。无论是哪一种表现，从二者都是借助神灵的力量去理解和得到一个答案这一角度来看，其性质都是一样的。

姐姐失踪后，我依然和往常一样若无其事地去教会，虔诚地祈祷让姐姐平安回家。但是当我知道姐姐被无辜杀害后，教会对我来说已不再是安全的地方。

——摘自凶杀案遗属的陈述

更为关键的是，这里所说的灵性，超越了宗教的范畴，具有一种普遍特性，与是否信仰宗教以及是有神论者还是无神论者都是不同的独立概念，更不意味着受害者一定要去教会、教堂、寺院等宗教场所。

更何况我们应该清醒地意识到：在进行宗教活动过程中，遭遇二次伤害的案例并不少见。曾有个青少年，被陌生人拐骗后遭遇了性暴力，好不容易才逃命。一次，曾经尊敬的牧师对她说："应该原谅任何罪恶深重的人，才有资格做上帝的子女。"这番话让她混乱了很长一段时间。后来，为了寻求内心的平静，她果断换了一家教会。还有一位家属，在犯罪案件中失去了亲人，可他的心理咨询师却不停地劝他信教。尽管在努力躲避那个人的骚扰，但对方依然有办法联系到他。最后，他不得不放弃了心理咨询。因为在他看来，神不过是在坏人残忍杀害家人时袖手旁观的"旁观者"。

此外，宗教活动有时还会妨碍创伤的恢复过程。有位失去孩子的父亲曾努力强迫自己接受神父的那句话："上帝肯定是对您的孩子委以重任，才特意早早带走了他。"（这种说法足以激起很多受害者家属的愤怒）因此，每当心里爆发出对杀人犯的愤怒和对孩子的无限想念时，他都会认为这是不应有的，并因此深受负罪感的折磨。对他来说，正常的情感成了自己对宗教信仰是否虔诚的考验，成了必须控制和谴责的东西。

通常，经历沉痛事件后，懂得控制和否认情绪，既是自然的，也是应该的，对保持心理健康很有必要。但如果这种情况一直持续下去，受害者就很难摆脱心理阴影，从而影响恢复的速度。

阻碍恢复的因素

二次伤害

妨碍受害者恢复和成长的首要因素，肯定要数二次伤害了。这其中不仅包括媒体鱼龙混杂的报道以及刑事司法程序上一些欠缺人文关怀的细节所带来的二次伤害，还包括朋友、同事、邻居们所带来的二次伤害。媒体和刑事司法机关可能成为二次伤害的潜在加害者，受害者在很多情况下能预知到这一可能性，并会积极寻求自我保护的方法。而朋友或邻居则不同。不少受害者对身边的人可以支持和理解自己这一点深信不疑。从理论上讲，这种信任足够合理、理性。但事实呢？受害者身边的人成为最残忍的加害者的案例也并不少见。

当发生刑事案件时，人们喜欢将不确定的因素说成铁一般的事实，由此对案情进行诠释。在这个过程中，受害者尽管承受了伤害，却被视为理所当然。当受害者向他们提出出庭作证的要求时，平时再清晰不过的记忆顿时模糊起来。曾经无比正义、公正的人，一旦涉及自己的利益，便开始权衡利弊、生怕吃亏，变得卑微懦弱，曾经的感同身受在保全自我面前变成冷漠麻木。

多数情况下，一起事件中的加害者是一个人（当然不是绝对的），而二次伤害的加害者可能是几个人，甚至是一个社会集体。而且，除儿童虐待、学校暴力、家庭暴力之外的其他案件中，犯罪伤害只是一次性的，但二次伤害可能会在日常生活中持续很长的一段时间。这时，对受害者来说，相比最初的受害经历，二次伤害是更为残忍的、漫长的经历。

从难度上来讲，尽管预防二次伤害的难度远比预防一次伤害小得多，可二次伤害的发生频率非但没有减少，反而呈现出递增的趋势。最近，一名空军士兵在受害后又长期受到二次伤害的折磨，最终选择了结束生命。原本他为了克服一次伤害的痛苦在孤军奋战，却由于遭遇二次伤害而丢掉了重拾生活的勇气，遭遇挫折后选择结束了生命。此时此刻，可能这样的悲剧依然正在某个地方上演。更让人唏嘘的是，那些二次伤害的加害者大多并没有意识到自己的行为会给受害者造成二次伤害。

经济困难

犯罪案件中的受害者遭遇重伤或死亡时，会得到受害救助补偿金。不过，补偿金很难彻底弥补受害者或其家属因案件而受到的经济损失。尽管受害者在短期内可以得到一些微薄的经济援助，但钱的花费速度与受害者经济能力的恢复速度无法同步，二者之间有太多无法衔接之处。受害者在经济上遭遇的困难不是暂时的，而是会持续几个月、几年。这是恶化心理状况、阻碍心理恢复的又一主要因素。

有些受害者在遭遇打击后丢掉了工作，借助专业机构的帮助得以重新就业，顺利开始了全新的人生。尽管遭受打击后工作效率低下，出错的频率也增加了，但在公司的关照下，有些受害者请了几个月病假，重新上岗，重新适应工作和生活。不仅如此，当同事们获悉加害者为了报复常常逗留在受害者周围时，或遇到有陌生人来访公司时，他们都会第一时间提醒受害者，让受害者赶紧回避一下，或者陪在受害者身边，以备危急时刻做出有力举措，甚至会通知警察加强附近区域的巡逻工作，确保受害者在大家齐心协力的保护下坚持上班。

这一切都得益于受害者的主观意志和努力，以及共同体成员们给予的照顾和支持。人带来的伤害由人来治愈，这是最快捷、最有效的。被坏人破坏了的平凡的日常生活，在善良的人给予的援助中将会得以重建。有了这种感觉，当受害者在面对痛苦的人生时，是不是可以拥有多一分的勇气呢？

刑事司法程序的压力

让罪犯得到应有的惩罚，对于维护社会的健全非常重要。受害者参与到刑事司法程序中，行使自己作为当事人的权利，对恢复心理创伤具有重大意义。只要能确保在保护受害者的原则下进行，庭上提供证词不仅能提高受害者的权能感，对心理创伤的恢复也有着非常积极的作用。在近年来韩国的一些研究中，这一点得到了很好的验证。[6]

但多项研究报告显示，受害者参与刑事司法程序越深入，恢复起来就越困难。这是因为，在刑事司法程序中，受害者会作为相关人而不是当事人被迫进行案情陈述，由此可能会频繁遭受二次伤害。刑事司法程序带给受害者的压力，绝不比犯罪案件小，严重妨碍了受害者日常生活的恢复。

辛普森（O. J. Simpson）曾是美式橄榄球选手，也是电影演员，深受人们的喜爱。1994年7月，他被指控为杀死前妻及一名男子的嫌疑犯，接受了长达一年的审讯。他在逃离现场时被捕、从物证中检测出他的DNA、从他的袜子和车上发现了受害者的血痕、在案发现场和他的家中都发现了沾满血迹的皮手套……种种证据表明，他就是行凶者。可是，法院依然判辛普森无罪，并释放了他。这起案件被人们说成金钱、人种可以扭转案件结局的典型案例。但事实上，这起案件之所以以宣告辛普森无罪结束，是因为警察和检察机关在取证过程中多次犯了操作不当的错误，破坏了证据，又无法排除伪造证据的可能性。这些漏洞导致犯罪嫌疑很难在毫无疑点的情况下被判定成立。经过陪审团漫长的讨论，这起案件以宣判辛普森无罪告终。

按照证据裁判原则，在刑事审判中，法官宣判罪名成立的前提是，检察官提供的证据必须有足够的可信度，能够逐一推翻无罪推定原则。这里所说的证据，是指具有证据能力且经过合法证据调查后的证据。

需记住的是，在刑事审判中，嫌疑人最终被宣判无罪，只是表明证据不足以充分证明其犯罪嫌疑成立，而并不表示受害者没撒谎。犯罪嫌疑不成立或者宣判无罪，表明负责证明嫌疑成立的检察机关没有发现有力的证据。仅凭这个结论就认为受害者诬告了被告，这是不对的。

但现实中，如果在搜查阶段被判为无犯罪嫌疑，或嫌疑人被判无罪，受害者就会落下撒谎者的名声。了解案件的人越多，搜查或审理过程带来的二次伤害就越大。随着无犯罪嫌疑或无罪宣告的结论出现，来自社会各方面的偏见和二次伤害增加，受害者也就更痛苦。虽然诬告罪是应被判处严厉刑罚的重罪，但事实上，不乏明明因为案件而受害，嫌疑人却因缺乏证据被判为无罪的案例。这类案件的受害者，尽管为讨一个说法坚持了长达数年的刑事诉讼，却也因为这样，轻则落下骗子的名声，重则被认定为诬告嫌疑犯。

在我们所接受的正规教育中，即便做了坏事，人也不应失去被尊重、被公平对待的权利。正因如此，人们喜欢说"你可以憎恶罪行本身，而不应憎恨人"。但如果这一点成立，那么一起案件中的那些受害者该怎么办？仅仅因为证据不足、嫌疑犯被判无罪，就可以给受害者扣上罪犯的标签，并收回我们的尊重和关心吗？多数情况下，老百姓无法拥有足够的能证明是诬告或是真实犯罪的信息。因此，即便是法院宣判被告无罪，我们也应将受害者视为揭发受害事实的人以及我们的邻居，正常地对待他们。

生活压力

有个受害者，尽管案件过了几年，依然会经常在清晨给我发来邮件。那个时间发来邮件，说明她可能是做了噩梦，并且在梦中遭遇了和几年前一样的伤害。这说明，她在现实生活中很有可能正在经历让她感到莫大压力的事情。这些年，她努力克服着受害经历带来的伤痛和阴影，试着带着伤痛面对生活，一步一步艰难地走到今天，才过上了更好的生活。只是每当生活中出现压力大的事情时，她的状态都会出现短暂的恶化，她经常会做噩梦，一下子又被拖回到过去。

这种现象并不是只出现在她一个人身上，也不是只出现在受害者身上，现实中的大多数人在面临难以承受的压力时，都会重回最痛苦的过往记忆中。创伤记忆好像有互相牵扯的特性，过高的压力会刺激到我们的创伤记忆，扰乱我们好不容易重建起来的人生。好在随着这些干扰因素反复出现，大部分人都可以变得更坚强。随着时间的推移，这种干扰的强度和频率会减少。因此，受害者及其家属、朋友必须了解这些症状的发展过程，并做出相应举措。虽然不是绝对的，但一般情况下，症状在一时的恶化之后会出现大幅的好转。

如果你刚好是唯一的照顾者

根据创伤后遗症的影响因素及受害者与家属的反馈，受害者的邻里以及处理案件的工作人员帮助受害者恢复、成长的方法可以总结如下。这里建议的方法是以减少二次伤害为重点，在参考时可根据现实中自己与受害者的关系、受害者所处的实际情况等灵活运用。

安慰

◉ 安慰对任何人来说，都有巨大的力量。但对受害者来说，不经思考的冒失的安慰，非但不能起到安慰的作用，反而很容易在伤口上撒盐。

◉ 内心很想安慰，但想不到恰当的措辞时，还是保持沉默好一些。

◉ 有时候，一个同情的眼神、一句真诚的话语或许是最好的："如果有什么需要我帮助的，尽管提。"

◉ 尽量不要说"加油"这样的话。如果这些话真的管用，那么当事人不需要这些话也能振作起来。对某些人来说，"加油"这句话听起来就像"你必须振作起来"，会因此感到某种压力，内心的疲惫也不敢再随意表达出来。

◉ 不自以为是地将自己曾经受用的一些安慰之辞强加给受害者。每个人都是不同的，就算同样是受害者，也不表示我们变成了完全一样的人。

提供帮助

◉ 为了能给受害者提供必要、及时的帮助，平时可以多留意一下受害者的需求。

● 在受害者需要时提供帮助，而不是在自己想帮助时出面帮助。如果受害者明明需要帮助，却碍于面子不好意思开口，我们可以主动问问对方是否需要帮助。如果对方明确拒绝，就应该停止，哪怕在自己看来对方是多么急切地需要帮助。当事人并不想要，而我们执意去做，那就不是帮助，而是一种干预。

● 给受害者提供需要的帮助，而不是自己想给的帮助。此外，除非是涉及受害者以及周围人的安全，否则当受害者表示拒绝时就应该随时停止帮助。

● 分享一杯暖茶、一句问候、亲手做的小菜和零食，帮受害者清理门口的落叶和积雪；受害者为案件处理需要出门时，用车送到目的地或帮忙叫辆出租车；临时帮忙照看年幼的孩子……这些琐碎的事情，都会帮助受害者恢复对世界的信任。

倾听

● 尊重受害者的沉默权。

● 聊天是非常有效的自我治愈方法之一。如果受害者主动提起一些日常琐事，可以拿出诚意和耐心去倾听，适时地应和一下。受害者有倾诉日常琐事的欲望，并不是说他们不够像受害者，也不是说因为他们没有任何阴影，而是说这代表他们为了生存下去正在做出挣扎和努力。

● 受害者有着倾诉案件的倾向，而我们恰好有心理准备去倾听整件事的过程，让受害者尽情倾诉。受害者滔滔不绝地倾述案件过程，其实是在头脑里对这个案件进行整理，试图重新去理解这件事，并进行自我疏导。我们可以安静地倾听，让受害者感受到自己的情绪正在被对方理解和接纳。

● 不擅自给出欠缺考虑的劝说和忠告。听了受害者的倾诉后，我们给出的所谓的善意的话，对当事人来说很有可能是不合时宜的评价或批评。

● 尽可能多地倾听，受害者不肯说的话题不去强求。

● 给予恰当的鼓励和共情反应。比如"无论说什么我都会认真倾听，请你放心地把心里想说的都说出来"，自然地带入话题，中途适时回应一下："别着急，慢慢说，我在听。""我不急，时间多的是，你可以休息一下继续说。"

● 有时受害者的话缺乏条理、语无伦次，甚至措辞上可能有一些不妥。这时，我们应该竭尽全力地用心倾听，给予共情。

● 如果受害者隐藏自己的情绪，不肯表达，应尊重对方的决定。有时，一些受害者会隐藏有关案件的负面情绪和应有的痛苦反应，甚至会表现得若无其事。这表明尽管他们经历了可怕的案件，留下了心理阴影，但依然在努力保持自我感。因此，应尊重受害者的这种处理方式。

◉ 如果在倾诉过程中，受害者情绪过于激动，很痛苦，而我们又没有掌握安慰和抚平受害者情绪的技术，我们可以以同情的口吻相劝："你看起来很痛苦。要不今天就先到这里，剩下的可以等休息一下，心情平静一些了再说。"

◉ 如果受害者提起了非常隐私的信息，我们可以提醒一下"你确定这个内容要对我说吗？"，给对方再次慎重考虑的机会。因为偶尔会有一些受害者，他们在情不自禁地讲述了私密内容后又懊悔不已。

◉ 尽量不要让其他人像看热闹一样看到受害者情绪过于低落（崩溃、失态）的样子。如果受害者在公开场合谈论自己的受害经历，就应提醒一下："这里人多，你要不要考虑一下换个安静的地方再说？"然后可以换个相对更安全、安静的地方去讲述和倾听。

◉ 如果受害者在讲述过程中陷入自责，我们可以告诉他："你没有任何错误。这并不是你的错。"如果受害者一直在自责，我们要以平常心看待，继续倾听。一定要注意，不要在无意识中做出让对方误以为认同的手势或姿势。

◉ 尽量保持冷静、沉稳的态度。有时候，陪着受害者一起哭、一起愤怒，确实有助于受害者的情绪净化。但身边的人因为自己讲述受害经历而出现情绪的起伏和痛苦，就会让受害者非常内疚，产生负罪感。当然，不能过度与受害者保持心理距离，以免被受害者误以为我们是冷漠无情的人。

◉ 如果受害者有意愿讲述某件事，而我们还没有做好心理准备，可以直接告诉对方："我虽然很想倾听你讲述这件事，但是我好像还没有完全做好心理准备。如果你不介意，我可以给你介绍一位适合倾听的人。"然后向他推荐微笑中心[7]这样的专业机构。受害者讲述的所遭遇的受害细节，很有可能会对我们造成二次伤害。

◉ 在交流过程中，应注意措辞，像"我理解""上天的安排""时间是最好的良药""真是万幸没有受更多的伤害"这种敷衍的话，很容易刺痛对方。要记住，重点在于倾听。能有人倾听自己的话，我们也会感到慰藉。在重新回顾和讲述经历的过程中，重新梳理自己的心绪，得到安慰，是人类特有的技能。

◉ 在对话过程中，切忌长篇大论地提起自己的经历。对于曾经遭受伤害、有着诉说欲的受害者来说，如果我们只顾着谈论自己的经历，那么他们很容易认为我们所说的话是空洞的，我们是在给他们上课，对他们进行说教。这种态度会让受害者失去诉说的欲望，也会让他们觉得我们并没有把他们的事情当回事。

等待

● 等待受害者主动打开心扉。在遭遇犯罪受害经历后，我们需要与其保持适当的距离，尊重受害者的心理界限和安全界限。

● 不同于其他心理创伤，由犯罪案件引发的心理创伤，本质上严重侵犯了受害者的心理界限。因此，在经历犯罪事件后，当事人会变得高度敏感和警惕，努力捍卫自己的安全界限。突然靠近受害者、试图进行身体接触，或大声搭话、突然来访等行为，都应该避免。

● 不催促、不施加压力，耐心等待受害者自愈。自愈速度取决于受害者自己，需要一天还是几年，就连受害者自己也不清楚。但能确定的是，恢复速度必然会比家属或邻里期待的速度缓慢许多。这就要求家属和周围的人尊重受害者的恢复方式和速度，耐心地、安静地陪护和等待。

● 让受害者掌握选择权。人在心理阴影的笼罩下，对于做出合理的决定会非常吃力。即便是做很小的决定，他们也会感到吃力。这时，有的受害者会将选择权交由家人或相关援助人员。但除非有心智障碍，否则我们一生中的所有选择都应由我们自己来决定。即便是受害者，这个原则也不应该改变。

● 为确保受害者做出尽可能正确的选择，我们应提供足够的、有效的信息。但在涉及与安全相关的问题时，如果受害者无法自己决定，那么身边人应该帮其慎重做出决定。

沉默

● 不声张。对受害者来说，痛苦的来源之一就是流言蜚语。随着受害事实被更多的人知道，受害者蒙受的耻辱感、恐惧感也会剧增。与事实不符的信息传播出去，会加重受害者的痛苦。严重时，他们甚至会有轻生的念头。希望大家记住这一点。

● 通过媒体或周围人获得的信息，大部分都是偏颇的、断章取义的，很有可能与事实本身有着很大的不同。管住嘴，不人云亦云，守住自己了解的事实，不到处传播。

● 除非有正当理由，否则必须严守受害者的隐私信息。

● 有关受害者受害事件的话题或信息，尽量不对受害者提起。对他们来说，即便是其他人的受害信息，同样能勾起自己的受害记忆。周围人谈论和评价其他受害者时，他们也很容易对号入座。受害者在受害后相当长的时间里不去看新闻，或者犯罪类电视剧、电影以及相关综艺节目，都是因为害怕勾起可怕的过往。

对错误观念说"不"

◉ 不把责任转嫁给受害者。犯罪案件绝不是对受害者过失的惩罚，更不是因果报应。受害者诱发论是罪犯为了自我合理化而捏造出来的危险而又恐怖的偏见言论。

◉ 不要道德绑架，认为受害者应该有受害者的样子。这种观点只是错误偏见带来的谬论而已。

◉ 不要戴着有色眼镜去看待受害者，认为受害者与常人不一样，区别对待他们。他们只是运气差，被罪犯盯上，坏运气并不是病毒，不会传染给其他人。不要因为小区里出现一个受害者就担心楼价大跌，也不必因为担心自己可能被害而考虑是否要搬出当前小区。

小结

我们尚未遭遇犯罪的伤害，并不是因为我们比别人更正直、诚实，或更勤勤恳恳、全力以赴地生活，只是因为我们的运气好一些。当然，可能有人确实处于更容易暴露于犯罪威胁的相对恶劣的生活状况之中，或他们的职业相对更容易让他们暴露于威胁当中。但无论是生活状况还是职业，都不能和努力与否画上等号。这一点我们必须承认。

当我们考虑到共同体的安全时，就必须关注犯罪问题。当前，我们仅仅过度关注罪犯的残忍性，以窥探犯罪动机的猎奇心理去消耗受害者。这种局面如果不改变，我们就无法有效抑制罪案的发生，更无法建立起健全的共同体。相反，这会增强共同体成员的不安心理，加深对犯罪行为的误解和偏见，助长厌恶、差别对待的风气，进而提升犯罪率。现在是时候从犯罪案件的另一个视角，即受害者的角度去分析和看待犯罪事件，积极摸索有效的方案，以确保真正把受害者当作社会共同体的一员来加以保护，对他们做出有力的援助了。

第六章

理解伤痕累累的孩子

那天，爸爸很生气，开始发脾气、乱扔东西，打我和弟弟。我们很害怕，躲在角落不敢吭声。后来警察来了，说是有人路过时听到好像有人在打小孩，所以才报的警。我们接受了警察的讯问。当时说着说着，我感觉很委屈，很难过，就跟警察说爸爸碰了我，做了一些奇怪的事情，然后警察就带走了爸爸。但这都是我撒的谎，求求你们放了我爸爸。妈妈说没了爸爸，我们活不下去。

——摘自性虐待及亲属性侵案受害者的陈述

前段时间，在接受一档时事节目采访时，制片人跟我说："虽然我也有过童年时期，但是小孩子的心思真的是猜不透。因为节目的性质，我们经常会采访一些儿童犯罪案件的受害者，为孩子的一些行为惊讶不已。你说我们都这样，何况普通人呢？应该会更加难以理解吧？"以我对他的了解，他是非常专业的制片人，而且是为了理解儿童和青少年心理而一直积极努力的人。他能说出这番话，足可以证明蒙受心理阴影的孩子的反应，与我们大人是不同的。

孩子绝不是成年人的缩影。孩子会根据抚养人的态度、价值观、所属亚文化的特性，表现出不同于大人的相当大的个性差异。同一对父母抚养的孩子，因不同的气质、出生顺序、同伴的质量和数量，都会发展出不同的性格。因此，想要了解特定孩子的言行，就必须先了解其所属的亚文化群，并密切关注孩子在成长过程中有过怎样的经历。

在遭遇犯罪案件这种巨大的压力面前，孩子的特性会引发非常特殊的反应。即便是父母，也会因为孩子在受害后出现的反常举动而怀疑孩子所说话语的真实性。如果是平时，这种误解倒是问题不大，但在犯罪案件中孩子的一言一行往往会成为判断嫌疑人行为是否构成犯罪的重要因素。

遗憾的是，尽管我们将儿童视为弱势群体，为他们提供各种保护和援助制度，但直到现在，依然有许多民众和刑事司法人员无法深入理解儿童受害者的特殊性。这可能导致负有责任的大人错误理解孩子的言行，未能给孩子应有的保护和帮助，导致孩子的心理问题恶化或为弄清事实真相增加了难度。因此，在本书的最后，我再具体介绍一下不同类型案件中孩子表现出来的特性，帮助大家对儿童受害者有更深入的了解。

在等待不能来的人中成长

十几年前，一位警察向我提出一个请求，希望我帮他分析一个小学生的陈述。这位警察介绍道，几天前，孩子的父母大吵一顿。第二天，一名登山客在附近的荒山上发现了孩子母亲的尸体。当时，家里除了这对夫妻和孩子，并没有其他人，也没有外人进出的痕迹。因此，丈夫成了嫌疑最大的人。但丈夫极力否认罪行，他称吵完架妻子跑了出去，再也没有回来，并且自己没有出过家门。

尸体上本来应该留有证据，不巧的是，当夜一场大雨，所有证据被洗刷得一干二净。因此，从夫妻吵架到发现尸体这段时间，家中的孩子看到和听到了什么，成了案件调查的关键点。在这之后，孩子作为杀人事件的潜在目击者，接受了两次长时间的讯问，讯问内容大致围绕"听到或者看到爸爸杀害妈妈了吗？这个问题来进行。"

这孩子相当平静地回答，自己没有看到和听到任何东西。他平静到让人根本看不出这是几天前失去妈妈的孩子。检察官觉得孩子的反应过于反常、冷静，不禁诧异："一个小孩为什么会有这么冷静的反应？""难道确实有这样冷静无比的孩子，只是很少见吗？"

他们忽略了最重要的一点——孩子一夜之间突然没了妈妈，小小年纪就成了没有妈妈的人。在当时的讯问视频中，孩子一副失魂落魄的表情，双目无神，目光游离不定，一双小手不停地在桌子下扯着指甲旁边的肉刺。警官问他："难受吗？"他毫无表情地回答着："不，没事。"

这完全是一副麻木的状态。因为妈妈被杀而突然失去母亲，孩子受不了这样的打击，大脑为心理生存压抑了情绪，因此他才会呈现出令人不可思议的冷静样子。孩子所有的能量都集中在如何压制情绪这件事上，因此当检察官向孩子提问时，孩子已经很难去思索和回答问题了。在这种状态下，孩子未能理解问题的实质，能做的只是机械地回答"是"或"不是"，或者发呆、保持沉默。

失去亲人，不但对大人来说是沉重的打击，对孩子也一样。或许有人会觉得，太小的孩子可能还不懂得死亡的含义，其实并不是。据研究，孩子在9岁之后就会意识到每个人都会死，并且死亡是不可逆转的现象，是正常人生的一部分，还能够把这些认知联系到自己身上。[1] 不过，这并不代表孩子懂得死亡的不可逆性，就不会在亲人突然离世时遭受到心理打击，或不会觉得悲痛。特别是当逝者是孩子的主要抚养人时，对孩子的打击会非常大。对孩子来说，抚养人是自己活下去的最重要的人。这种心理创伤会严重损伤孩子的大脑，妨碍孩子的健康成长，这一点已经从各种研究中得到证实。

不幸中的万幸是，我们有办法缓解孩子所受的这种打击，并且可以帮助孩子战胜悲痛，健康成长。其中最关键的，就是大人无微不至的呵护（下面我还会介绍另一种方法，就是"玩要"）。说得再具体一些，就是给陷入悲伤中的孩子稳定的呵护和照顾，努力保持和悲剧发生前一样的日常生活。此外，大人要以身作则，让孩子看到大人是如何在承受失去至亲的悲痛下努力去维持日常生活的。

大人的这些表现，孩子会耳濡目染，从旁观中得到经验，学会自我安慰，做好心理准备，把死亡当成一种自然现象。对家长来说，同样是失去了一位至亲，他们也会深陷悲痛之中。此外，家长还要参与和配合刑事司法程序调查，一时很难充当一个幼小子女的合格且健康的监护人角色。因此，案发后的一段时间，社会共同体成员，特别是关系好的邻居，不妨积极伸出援助之手，帮助家长照看孩子，或者代替家长照顾孩子。

失去至亲后，最让大人犯难的问题之一就是该不该告诉孩子。如果告诉孩子，应该怎么告诉他，应该注意什么？对于这个问题，专家们会明确建议："必须立即告诉孩子。"但事实上，很多遗属非常忌讳告诉孩子至亲离世的消息，于是便告诉孩子逝者出了远门，可能很久不回来。从表面上看，这种方法基本比较有效。时间越久，孩子对逝者的想念和缺失感会越来越弱，甚至连记忆都开始模糊了。

可是，这样做的代价令人惊愕。大人在孩子面前掩饰失去至亲所带来的巨大悲痛，不让孩子察觉到，基本是不现实的（出了远门这样的说辞无法解释所有状况）。当孩子看到大人悲痛的样子却又不明就里时，他们感到恐惧和混乱。事实上，很多孩子会在这个时候努力去找大人如此难过的原因，小心翼翼地思考会不会是因为自己的小小错误，并为此深感内疚。这种状态会引发抑郁症、强迫症、分离焦虑症、选择性沉默症等内在障碍，或出现抗拒、仇视等外在障碍，甚至出现夜尿症、遗尿症、大小便失禁、厌食症、暴食症等排泄和饮食障碍。

因此，家长应该以安全的方式告诉幼小的遗属至亲离世的消息，并与孩子一起哀悼逝者。特别是要给孩子足够的时间，让孩子表达对逝者的哀悼之情。当孩子提出一些关于死亡的提问时，家长要以满怀同情的态度如实回答。必要时，家长应以克制的、恰当的方式告诉孩子至亲离世的消息，以及大人在这种情况下是如何克服悲伤的，并与孩子讨论和分享哪些方法对孩子有帮助。

有人担心告诉孩子至亲离世的噩耗可能会让孩子过度关注"死亡"这个话题，令孩子在成长过程中变得懦弱、没有朝气，陷入虚无主义。告诉孩子至亲离世的消息，会让孩子陷入悲伤之中，但其实孩子能以远比大人想象中更快的速度回归到现实生活。

我在常年的工作中发现，当孩子遭受犯罪伤害时，其案发后的适应表现和成人非常不同。通常，成人会因为专注于从认知上理解案件而无法将精力集中在当前的生活和工作中，严重时甚至陷在过去，迟迟走不出来。除了某些特殊情况，孩子通常表现出更快回归现实的倾向。孩子的这种反应几乎出于本能，这也成了他们快速恢复和成长的强大动力。

孩子之所以比大人更快恢复，是因为他们没有丢掉"当前—这里"的内在倾向。在一个安全的环境里，和让自己安心的人尽情地玩耍，会让自己停留在当前、这里，而不是过去或未来，许多孩子都能通过以上方式很快被治愈。我认为治愈儿童心理创伤的相关资料非常富有吸引力的原因，也正源于此。孩子的快速恢复能力会让我对自己的职业有一种成就感，哪怕是片刻的。虽然我做的仅仅是为孩子提供安全的游戏场所，并且根据具体需要激发出孩子内在的、强大的治愈本能。其实，不仅仅是儿童，对大人来说，玩耍，确切地说是"通过玩而专注当下"具有非常惊人的治愈力。

儿童在失去至亲后，在悲伤的间隙也会玩耍。玩耍的次数增多时，孩子就会生出和过往说再见的勇气。一个孩子因为凶杀案失去了妈妈，在进行长达六个月的游戏治疗以及祖母一直以来无微不至的照顾下，尽管依然在苦苦等待着永不可能回来的妈妈，但他依然健康地成长着。曾有个小孩，其弟弟被杀，因为怕爸爸难过，在咨询过程中他一直用小手使劲儿捂着嘴，生怕自己的哭声会传出咨询室，让爸爸听到后难过。如今，这个孩子重新回归正常生活，并且在同龄小伙伴中是个被认可的、人气不错的孩子。

对那些失去至亲后依然能无忧无虑玩耍的孩子，沉陷悲痛中的大人有时候会认为孩子根本没有在悼念逝者，甚至因此骂孩子冷漠、自私。这种经历会让孩子对自己的逐渐恢复生出负罪感，因此拒绝和监护人分享自己的感受。所以，大人应该注意这一细节。孩子并不是不悲伤，恰恰是因为太过悲伤，他们才更加专注于玩耍，好像孩子本能地懂得，想要摆脱悲伤就应该去玩。

万物皆有死亡之时。这个事实会引发我们不小的焦虑和不安，存在主义心理学将其称为"存在焦虑"(existential anxiety)。存在主义心理学专家强调，存在焦虑是生存的条件、成长的动力[2]，是人生的导师，而不是需要摒弃或回避的绊脚石。[3]因此，他们重视谈论死亡，而不是严禁谈论它。如果能在安全的空间与让自己安心的对象以安全的说话方式谈论死亡，不仅仅是成人，就连孩子也能接受存在焦虑，并将其作为成长的机会，拿出生活的勇气。

　　这个社会依然对谈论死亡很避讳，觉得不吉利。几年前，我为本科生讲精神健康课程时，曾让他们做过迎接死亡训练，包括写遗书。在最后一课，我以邮件方式将"遗书"寄给了学生家长。本意是想让学生们借着假期认真严肃地思考一下如何生活这个问题，并且之前已经跟学生们打过招呼并征得了他们的同意。为避免家长打开"遗书"时受到惊吓，我还特意标注了"除接收人之外禁止打开邮件——精神健康课程所写"。做了一番彻底的准备，但还是发生了我担心的一幕。有位父亲恰恰被"除接收人之外禁止打开"的字样所吸引，忍不住拆开了信件。幸好，在听了孩子的解释后，这位父亲马上恢复了冷静，但我免不了被骂是在课堂上谈论死亡的神经病教授。

　　但我并不后悔，并且直到现在，我依然会在课堂上给学生们进行各种死亡体验教育。当认清人生有限时，我们才可以更好地专注于当前的生活，体验重拾人生的喜悦。面对至亲的离世，尽管沉浸在悲伤之中，但我们仍然能够坦然而谦逊地接受死亡，更加懂得生者如何更好地生活下去。因此，我会劝告那些纠结于是否告诉孩子至亲离世这一事实的遗属：请果断告诉孩子。

　　当被问到"是否要告诉孩子，死亡原因是故意杀人"时，我建议换一种视角来分析。我很想小心翼翼地奉劝大家不应告诉孩子他深爱的人被坏人杀害的真相，即便我不这样说，几乎所有大人也都不会这样对待一个孩子。确切地说，他们担心孩子知道了自己的家人是被坏人所杀，因此会千方百计地隐瞒相关信息。倘若孩子觉察到并向大人提问时，大人甚至会用谎言来回复："绝不是你想的那样。"

在诸多死亡方式中，对家属打击最大的可能就是被杀。至亲被杀，就连大人都会因此对世界产生深深的恐惧感，更何况是孩子。最坏的结果可能是孩子再也无法将这个世界当成安全的互惠空间。失去至亲的悲痛，再加上对杀人的恐惧，这种双重打击对于孩子来说未免太残忍。前面讲到的"成为潜在目击者"的案例也可以证实这一点。

不要惩罚我妈妈

虐童历史和人类历史一样悠久，其原因跟家庭暴力类似，是极为严重和可怕的犯罪。其他类型的犯罪，至少在确定谁是受害者时犯罪就已了结，但虐童大多是当前进行时，甚至是未来时（因为孩子没有寻求自我保护方法的能力）。虐待对受害者的影响非常严重，不仅会给孩子带来极度的恐惧和无助感，还会扭曲孩子的发展路线，让孩子的精神和肉体受到双重打击，创伤后遗症甚至会持续到成年。[4]

令人担心的是，随着虐待反复发生，孩子在适应的过程中并不会表现出恐惧或害怕。从前面的内容中我们可以了解到，恐惧是在能够战斗或逃跑时才会出现的情绪。如果一次又一次意识到任何抗争都不能改变被虐待这个事实，孩子的大脑会为了心理上的生存而选择原地僵住，以此来拒绝体验恐惧情绪。因此，即便被虐，孩子也不会被负面情绪压垮，但同时他们会丧失积极的情绪感受能力。

因此，孩子表面上会被误认为处于比较平静甚至舒服的状态。有一起孩子被虐待的案件，医疗组在意识到孩子有被虐待的明显症状后，向112报警。几天后，警察上门观察孩子，此时孩子并没有表现出对被指控为加害者的继母有逃避倾向，或者恐惧倾向。警察判定此案不属于虐待案件，未采取任何措施，直接撤离。没过几天，孩子再次被发现时，已经躺在旅行箱里——被残忍杀害了。类似这种问题之所以一直发生，正是因为办案人员在调查过程中忽略了被虐孩子的特性。

在麻木状态下，压力荷尔蒙依然会过度分泌，影响学习脑，遏制认知能力的发育，结果是即使没有生理上的缺陷，孩子的智商也会出现障碍。此外，由于反反复复体验到无法自我保护的无助感，孩子会变得极为懦弱，即便是可以战斗、逃跑、有效自救时，他们也会习惯性地在原地僵住。这样一来，他们自然更容易暴露于犯罪危险之中。[5]

不仅如此，被虐的孩子很有可能无法学到如何才能以安全的方式表达自己的情绪和感受，进而无法按照具体状况做出应有的情绪管理，表达过于直接，从而被同龄人或社会排挤。孩子一旦遭受排挤，会表现出更加强烈的受害意识和愤怒，而这会为周围人加重对其的排挤行为提供一个合理理由，由此形成恶性循环。[6]

虐童案的加害者中，80%是父母。由于这类事件的特殊性，当父母为施暴者时，外界了解虐童事件的可能性很小，孩子主动揭露自己被父母虐待的可能性同样很小，因此助长了虐待发生的频率。这句话从另一个角度理解，意味着由于父母双方中有一方是施虐者，因此除非有特殊情况，否则孩子没有能够躲避的安全之处。倘若父母中的另一方能对孩子表现出保护的立场，相对还好一些，如果没有这个运气，那么孩子就得不到任何安慰，只能是一个人被恐惧包围，无处可逃。总之，当施虐者为父母时，这种影响更为严重。

家原本应该是最安全的地方，却因为反复发生虐待而令孩子丢掉了恢复的原动力——游戏的能力。无法玩耍的孩子，失去了自我安慰的能力，这是非常残忍的。虽然是最危险的空间，却由于无处可去，孩子只能选择快速适应这种虐待。无奈之中，这可能是上策。一旦家被认为是危险的地方，孩子就会认为外面的世界更危险，不可能安全。

这样一来，孩子就无法向外面的人说出被父母虐待的事实，不敢求助。即便有人因为怀疑孩子被虐而问东问西，孩子也会极力否认。偶尔有报警的孩子，也因为事后遭遇的各种高压而害怕，进而放弃陈述。这种情况也比较常见。他们甚至会替父母找借口，说因为自己是坏孩子才惹到了爸爸妈妈，他们只是生气而已，并没有什么罪。

检察官，请不要惩罚我妈妈。我妈妈很善良，对我们很好。有时候我不听妈妈话，让妈妈心烦，但那都是我的错。妈妈没有打过我，也没有折磨过我。我是因为讨厌妈妈才跟你们撒了谎。妈妈一直都很爱我。我现在非常想她，拜托你们把妈妈还给我。

——摘自受虐儿童的自述

更有甚者，孩子因被虐而被相关机构保护，等到虐待他们的父母前来用美食怂恿他们离开时，他们会被说服，提出离开的请求。等到重新被接回家，他们中的大多数会再次受到父母的虐待，不得不重新被隔离。最糟糕的情况是，孩子被虐致死（韩国每年约有40到50个孩子因被亲生父母虐待而死）。

　　按照有关规定，被虐儿童是否需要被单独隔离到保护机构还是回归家庭，应充分听取孩子自己的意见。办案人员不得不按照这个规定，每次问孩子："你愿意让妈妈（或爸爸）受到惩罚吗？""你愿意回到爸爸妈妈身边一起生活吗？"孩子因为被虐的心理阴影而不敢开口，这时问孩子这些问题毫无意义。孩子在满18岁之前连选举权都没有，这时却问孩子是否在被虐的情况下重新回到施虐的父母身边，并让孩子自己来决定，这未免太离谱和荒谬了。

　　孩子能否认真权衡如此重要的决定，经过一番切实的利益权衡后来表达自己的意愿呢？当然，能够考虑到应尊重孩子的选择，这一点非常重要且意义非凡。为了能让孩子做出正确的决定，我们需要给孩子提供足够的必要的信息。

　　几年前，我参与过一起虐童案受害者的证人问询工作。当时，这个孩子刚进入青春期，被法庭现场的氛围吓住了，惊恐之余，全身都在发抖。我问他："紧张吗？"孩子说："不。""要不要休息一下？""不用。"

　　在大家眼里，这个孩子明显焦虑不安。审判长决定休庭。为了安抚孩子的情绪，工作人员为孩子提供了饮料和零食。孩子接过饮料，却丝毫没动。旁人看不下去了，帮孩子打开了瓶盖，可孩子还是无法摆脱极度的紧张，一口也喝不下去。稍后，审判继续进行，当被问到"你愿意让被告（孩子爸爸）受到惩罚吗"时，孩子回答："不。"

这种状况不仅出现在孩子身上，也经常会出现在成年残疾人身上。因此，监护人和刑事司法机关工作人员应仔细观察受害孩子的状态，提供必要的支持和照顾，而不是期待孩子能独自准确分析和评估自己的心理状态，并主动告知家长或办案人员。正因如此，从事儿童虐待援助工作的人必须是训练有素的专家，而不是"为成为专家而努力的人"，因为见识决定了眼界。

与儿童性暴力的距离

许多年前，曾有位父亲领着小女儿前来咨询。"妻子因病离世后，我一个人带着女儿生活。女儿被男邻居类似性侵，法院一审却判他无罪。"说到这里，这位父亲叹了口气。他说女儿在经历了这件事后，还是一如既往地帮自己做家务。看到爸爸因协助案件调查、接受审判深受痛苦，她还会善解人意地加以安慰，是个善良、老实的孩子。女儿懂事的样子，让这位父亲欣慰之余又万分心疼。

对女儿的遭遇，左邻右舍指指点点，说的话很难听。周围的人把这次类似性侵等同于实质上的性侵，在日常生活中常常对孩子投来不友善的目光，说孩子一点儿不像性侵受害者。在他们眼里，孩子成了"遭受性暴力后像个没事人一样生活的怪人"。刑事司法机关根据孩子的这一表现质疑案件的真实性，宣判嫌疑人无罪。最后孩子反而背上了诬告别人的坏名声。

尽管大家都认为这个孩子没有任何受伤迹象，但当我要求她画个房子时，她盯着白纸愣了半天，进而流下大滴大滴的眼泪。好不容易平复心情之后，她在院子里画了捉迷藏的爸爸、死去的妈妈和自己，然后冲着我笑了笑。

随后的心理评估结果显示，孩子为了维持心理上的生存出现了严重的心理创伤，反复自虐（被称为非自杀性自虐），却因为担心父亲难过而强装出开朗的样子。因为注意力下降，孩子根本记不住课上老师讲的内容，却每天都按时上学、放学，从不迟到或旷课。为了避免再次想起创伤事件，她更加卖力地做家务，并且尽可能待在家里，拒绝外出，封闭自我，以免招来左邻右舍的指责。

幸好在二审中，证人之前说的曾目睹被告和受害者有说有笑地走在一起的证词被证实是被迫做出的伪证，最终嫌疑人罪名成立。宣判后，这位父亲打来电话，苦涩地说："我为了向国家证明女儿是真的受了性侵而不是撒谎，拼死拼活打了几年官司。"尽管这已经是十几年前的案例，但类似儿童性侵案依然很普遍。

由此我们可以看出，性暴力案件的刑事司法程序不仅要求成年受害者表现出受害者应有的样子，同样也苛刻地要求儿童受害者表现出受害者应有的样子。其实，在性暴力案件中，孩子除了受到年龄、性格的影响之外，还会因罪犯与受害者的关系、孩子与监护人的关系、是否存在案件之外的其他压力源等因素出现千差万别的反应。因此，谈论和强调所谓的"典型反应（典型表现）"没有任何意义。有些孩子的后遗症表现轻微，或恢复迅速；有些孩子会表现出持续且严重的后遗症；还有一些孩子，尽管内心和身体上承受着极大的痛苦，却表现得若无其事，以至于被人误以为没有后遗症。

有些孩子在事发后能立即向监护人求助，有些孩子则会决定守住这个秘密，长期（甚至一生）不揭发这件事，还有一些孩子，他们先是揭发了事件，但很快又撤回指控。有些孩子会因为受害经历而陷入惊恐状态，生活能力明显下降；有些孩子，尽管内心惊恐，但为了防止再次受到伤害，会千方百计躲着罪犯；还有一些孩子，当罪犯伪装成做游戏或对其照顾却实施性暴力时，不但不会表现出恐惧，还会被罪犯给的食物或其他物品所诱惑，将自己推向再次受害的境地；有些孩子甚至没有意识到自己已成为罪犯的性工具，对对方表现出无限信任和爱慕之情。

当性侵受害者为儿童时，另一个具有争议的重要问题是孩子是否具有性决策能力。按照韩国现行法律规定，未满13周岁的孩子不具有性决策能力（韩国《性暴力犯罪处罚等相关特例法》第7条）；13到16周岁的孩子在面对成年人时（19周岁及以上）无法发挥性决策能力。因此，即便是在双方协商下发生性接触，性侵者也同样会按照法定强奸罪论处。（韩国《刑法》第305条）

令人惊讶的是，一些人主张"未满16岁的孩子有能力决定自己的性行为，法律条文限制反而侵犯了这个年龄段孩子的人权"。除了极特殊的情况，认为未满16岁的孩子在与成年人的关系中能行使完整的性行为决定权的观点简直是无稽之谈。虽说孩子可以在对方提议发生性行为时表示同意或拒绝，但这个决定很少是他们在清醒认识到何时、何地、因何种理由、如何进行、后果是什么、如何降低不利后果发生的可能性等前提下做出的。

作为社会科学家，我十分了解"征得参与者同意（consent）后进行研究"意味着什么。此时的同意并不是单纯地问对方"是否同意参与研究调查"。一份正规的同意书应包括研究项目的内容简介以及有关参与该项研究可能获取的利益、后果的附带说明，并且应明确告知参与者，他们具有随时中止和退出研究项目的权利。如果参与者有退出意向，研究员应删除该参与者的所有资料信息。这一系列权利明确告知对方，对方明确表示同意，这被称为知情同意 (informed consent)。作为研究员，必须征得参与者的知情同意，而不只是简单的同意。

性接触是人与人之间最为信任、亲密和富有爱情的行为，理所当然要征得对方在清晰认知前提下的同意才行。在清晰认知前提下的同意，需要孩子具备哪些知识和能力呢？

首先，孩子要具有与性行为相关的实质性知识，比如性接触、怀孕、性病、避孕等知识；其次，孩子能清醒地意识到通过性接触自己将得到什么、失去什么；再有，孩子应懂得自己有权利决定是否发生性接触、对方有义务尊重自己的决定，以及即便同意性接触，一旦改变主意时，自己随时可以拒绝。

不过，这个社会却要求孩子即便不具备充分的知识和信息，也能在清醒地判断危险状况后竭尽全力地自我保护。就连孩子的父母也会觉得孩子不够精明，做了些糊涂事，才会遭受性暴力，对孩子加以责备，有的甚至把孩子视为被玷污的人。这种做法通常会被巧妙地包装成"爱孩子"，与通过性剥削欺骗孩子的犯罪行为别无两样。

近期，韩国宪法法院认为，"儿童性暴力受害者的陈述调查录像资料可用作审判证据"的制度触犯了宪法。这项制度的设立，起初是为了避免二次伤害，特意录下讯问过程，并在法庭上认可其作为证据，替代儿童的庭上证人讯问环节。八年前，在与来自英国、新西兰的律师见面时，我还专门得意地介绍了这项制度，他们纷纷表示惊诧和羡慕。

目前，这项制度可能会侵犯受害者的讯问反对权，面临废除。如果确实有违背宪法的成分，废除是理所当然的，但它也发挥过不少积极作用。因此，我们需要尽快制定一项可替代的新制度，从而将二次伤害降到最低。

名为学校的牢笼

最近，经常有受害者通过媒体曝光某艺人在学生时期曾是校园欺凌的施暴者。每当这时，人们会生出各种疑问：受害者既然那么痛苦，为什么这些年一直闷不吭声，等到对方有了名气才突然暴露过去的丑闻呢？是阴谋、嫉妒，还是被害妄想？

有段时间，社会上沸沸扬扬地传闻某著名运动员曾是校园暴力的加害者。围绕这个话题，我组织学生们开展了一场课堂讨论。当我问到为什么过了这么久，受害者才揭发这件事情时，几乎所有学生都大声回答："因为加害者在电视上露面了。"

学生们的理由是这样的："只要不去想，加害者如今在哪里、做什么、过得怎么样，受害者都可以不管。但加害者作为公众人物经常在媒体上露面，这就是另一种情形了。既然通过电视，加害者重新回到了受害者的日常生活中，那么之前的'眼不见心不烦'就会被打破，受害者无法再当作什么都没发生过。"

到了上学的年龄，相比在家，孩子在学校的时间更多；相比父母，与同学接触的机会越来越多。孩子会把亲子关系中学到的人际交往技能沿用到与同学的相处上，并不断地延伸和提高，亲子关系中形成的道德观念会在与同学的相处中得到补充和完善。在这个过程中，孩子变得更具有变通性。他们通过与同龄人的积极互动，形成对世界的安全认识；在大大小小的矛盾得以圆满解决的过程中，学会和解、妥协的技术；开始懂得社会并不总是公正、正义的，虽然极度绝望和愤怒，也能想到照顾比自己更难的同学，体现出包容和大度。在这个阶段，对孩子来说，朋友是最重要的存在。

当孩子遭遇欺凌，不再认为学校是安全的时，会发生怎样的变化？就像儿童受虐待一样，有些孩子可能会通过条件反射体验恐惧经历，对相关刺激表现出回避、焦虑、敏感等倾向；有些孩子为避免再次受伤害，会表现出屈服、顺从，甚至会用同样的方式对待其他孩子，施行校园暴力；有些孩子会在这个过程中向大人求助；有些孩子选择咬牙隐忍，或通过自虐来消解压力；有不少孩子会想到自杀，其中一些尝试了自杀，甚至真的自杀。曾有个孩子在留下一张字条后自杀，字条上写着"不是因为同学"。经调查发现，这个孩子曾在学校被多次欺凌，长期忍受着身体上和精神上的折磨。

"为什么孩子遭遇了校园欺凌，却从不跟家长说呢？"这句话站不住脚。因为事实上，很多孩子在遭到暴力伤害时会告诉家长和老师，请求帮助。问题在于，大人并没有准确、及时地理解孩子传递的信号。有些孩子可能会表现出腹痛、头痛等身体上的不适症状，拒绝上学，无故旷课，放学晚归，拒绝和家人交流。除非是特别细致地观察，否则大人很容易忽略这些问题。

还有一种情况，受害者明明提到了某个同学折磨自己，但包括家长和学校老师在内的大人却把这个问题视为鸡毛蒜皮的小事，忽略不提。甚至在孩子因为受到欺负而感到痛苦、向父母诉说时，父母反而认为孩子过于小气、敏感、社交能力差，数落、否定孩子，还自以为是地给孩子灌输"小孩子本来就是在打打闹闹中长大的"的观念。

的确，孩子是在磕磕绊绊和矛盾中长大的，这世上不存在没磕碰过一次、没发生过一次争吵就突然长大的大人。有些大人身上可能还留有儿时的或大或小的伤疤。但是，打架和单纯地折磨他人完全是两个概念。打架至少是对等的，但折磨是优势一方在身体、心理上对弱势一方的恶意伤害。这种行为不但会给受害者带来恐惧和不安，还会引发受害者的耻辱感、被侮辱感和无助感，在他们的大脑中留下无法忘记的创伤记忆。

有过校园暴力受害经历的学生多数会表示，"还不如打得明显一些"，因为这样至少有施暴痕迹，细心的人发现后会为其提供帮助。多数情况下，校园暴力都有一个嫌疑最大的主犯，因此人们基本可以猜测到是谁在施暴。如果处理得当，这种伤害就可以避免，但大部分人都没那么幸运，会经历反复的、长久的暴力折磨。

事实上，受到折磨时，受害者很难期待能改变什么。虽然有一个主犯，但在一个集体内，大部分成员都是共犯或帮凶的情况并不少见。并且，受折磨的场所逐渐呈现出从线下到线上的趋势。受害者注定24小时都要承受煎熬，而这种煎熬的影响又会蔓延到网络空间，带来其他伤害。

有时候，有的孩子会故意靠近无辜的孩子，碰人家肩膀一下，然后大声喊着对方打了自己。接着，其他几个孩子上前，一起指责和怪罪无辜的孩子，进而群殴这个孩子。受害者瞬间成了施害者，任凭怎么否认和解释都没用，因为对方全体成员都自称目击证人。通常这种情况下，即便是经验丰富的老师也很难判断孰是孰非。有过这种经历的孩子，将这种经历称为"就像掉进了无法跳出的可怕的陷阱一样"。

大人对校园暴力不够重视的另一个原因，是受害的孩子看起来非常正常，至少是外表上。有个孩子被同学勒脖子窒息到昏了过去，但事后依然和施害的孩子一起玩。平时，施害的孩子一旦不满，就会动不动对这个孩子施加暴力，以至于只要做个举手动作，受害的孩子都会吓得本能地畏缩起来。但除了被打的时候，其他时候，由于加害者经常能研究出一些好玩的游戏，因此受害者还总是和他一起玩。

正因为如此，原本应该被视为杀人未遂的勒脖子事件就只被当成"闹着玩"，事发后受害者依然和加害者一起玩，这为加害者"勒脖子只是在开玩笑、闹着玩"的辩解提供了有力的证据。

掌控感是一种非常重要的感觉。无论从哪一点来看，校园暴力都会导致被害者丧失掌控感。失去掌控感会勾起受害者极端的恐惧感和无助感，他们会深感任何方法都不能自我保护。极端时，他们甚至会厌世，放弃生命。

我们可以做哪些努力呢？

尽量营造宽松的氛围，平时让孩子自如地表达自己的想法和情绪，给孩子持续的关注，并仔细观察孩子是否有异常的举止。我们应该正视这个现状，接受除此之外别无选择这一事实。

不会跟着坏人走的错觉

十几年前，一家电视台邀请我协助他们拍摄一期儿童防拐骗节目。在以儿童为对象的犯罪案件中，多数为拐骗类案件。我本想拒绝，但又一时找不出有力的拒绝理由，只好同意协助拍摄。在此次拍摄中，我的任务是摸索出一套"有效的防拐骗的策略"。

其实，这称不上是什么策略。通常只要喊一下孩子的名字，孩子听到后基本都会误以为对方是熟人；如果再加上微笑的表情和亲切的话语，孩子就基本会断定对方是好人。此时，对方再以问路为由搭讪，让孩子帮忙带路，孩子就会欣然同意，因为他们从小接受的教育就是要善良、要乐于助人。

结合孩子的这些特点，我制定了一套"拐骗方案"。模拟演练（拍摄前已征得孩子家长的同意）的结果是，到最后坚决没有跟人贩子（假扮角色）走的孩子不到10%。从这一点来看，方案是相当成功的，达到了试图通过节目向家长说明孩子有多缺乏防拐骗诱惑意识的预期目的。只是节目播出后，我收到了一些观众的犀利批评，理由是身为儿童心理学专家，我却在节目中传授诱拐儿童的方法。

这是很大的认知错误。难道人贩子连这样简单的诱拐方案都不知道，要通过电视节目从我这里"取经"？这种想法未免过于单纯。殊不知，无视孩子的特性，在孩子书包或衣服上写上大大的名字，一味地告诫孩子千万不要跟坏人走、不要冷漠地无视陷入困境的人……这才是将孩子推向危险的可怕做法。

掠取和拐骗是犯罪手段，也是更可怕的犯罪的前兆。2020年，韩国发生了158起未成年掠取、诱拐案件。以性侵或掠取钱财为目的拐骗儿童，大多发生在其他形式的案件中。因此，诱拐案件的实际数据肯定多于我们看到的数据。

有一点需要引起注意的是，遭遇掠取、拐骗的儿童受害者中，大部分会把犯罪原因归咎于自己。越是平时被反复提醒不许跟陌生人、坏人走的孩子，他们的负罪感就越严重。他们会觉得自己接受了很多次安全教育，却在坏人假装熟人讨好地靠近自己，或伪装成善良的样子接近自己时没能看穿对方的伪装面具，这都是因为自己太笨。

一眼分辨善恶和动机好坏，这对成年人来说都不是件容易的事情。可是，我们依然专注于提醒孩子"小心！再小心！"，而不是思考如何伸出手，为孩子营造一个安全的环境。这可能是因为前者简单轻松得多。而这样一来却带来了极大的副作用——无法保护孩子，让孩子远离掠取、拐骗的威胁，或者导致孩子过于警惕和排斥他人，严重妨碍了他们的人际关系互动。

几年前，应电视台的邀请，我曾负责一起案件的咨询工作。一个孩子为免受父母虐待离家出走，在寻找住处的过程中，被一成年男子以鸡翅和可收留为借口诱拐，遭到性侵。令人大跌眼镜的是，这个孩子当时是因卖淫嫌疑接受调查，而不是性暴力受害者。原来，这个男人钻了法律的空子，知道按卖淫罪处罚远比按强奸罪处罚轻得多，因此极力主张自己是以鸡翅和提供睡眠场所为条件，和这个孩子达成了性交易。

当然，当孩子跟着这个男人走进旅店时，或许多少预想到了自己可能会被性侵。不过，一个为了避免被虐、大冬天毫无准备就离家出走的孩子，面对一个主动提出可以提供食宿的友好的男人，除了相信，还能做什么选择呢？

是明知孩子的处境，趁火打劫的男人做错了，还是跟着男人走的孩子做错了？孰对孰错，答案一目了然。

小结

同样的犯罪案件，给孩子的打击要远比成年人严重和复杂。特别是以儿童为对象的犯罪案件，具有过早发生、反复发生的倾向，并且加害者为父母或同班同学、学长、学姐、学弟、学妹等亲密的人（或被要求亲密交往的人）的可能性非常高。糟糕的是，由于孩子从发育上来说处于弱势群体，他们不得不被迫顺从和服从加害者。这注定将自己暴露在再次被虐的环境中。

根据具体情况，孩子可能因为大脑受损而变得无法共情他人，或表现出类似精神病的症状。曾有个孩子，因为从小受到有着杀人经历的父亲的恐吓，经常被父亲以杀人来威胁，公开向警方要求严惩父亲。仅仅两年后，这孩子就虐杀了自己年幼的侄子。这有力地表明，犯罪事件给孩子带来的影响有多么严重。

值得欣慰的是，如果能确保有一个温暖的环境，被心理创伤折磨的孩子会比大人恢复得更快。让孩子快速恢复的动力来源于游戏和玩耍。孩子是能够"自我编程"的，所以只要提供良好的陪护和照顾，他们完全可以独立成长。

作为大人，我们能做的就是构建一个安全的环境，让孩子放心地按照自己的方式成长，而不是替孩子包办所有的事情，或杞人忧天地预见未来风险，给孩子带来恐慌。如果因为疏忽没能照顾好孩子，致使孩子成为受害者，也不应该把孩子当成从此被毁了的废物，而要唤醒孩子内心坚强的、智慧的自愈力量，为孩子创造良好环境，让自愈力量发挥出有效的作用。

注释

第一章 犯罪阴影下被遗忘的人

1 韩国法务研修院每年发布的《犯罪白皮书》将暴力犯罪分为杀人、抢劫、性暴力、纵火等恶性犯罪和暴力致伤犯罪，并重点对部分恶性犯罪和暴力致伤犯罪事件进行了阐释。

2 Redmond L M. *Surviving: When someone you love was murdered: A professional's guide to group grief therapy for families and friends of murder victims*[M]. Clearwater, FL: Psychological Consultation and Education Services,1989.

3 Amick-McMullan A, Kilpatrick D, Resnick H. Homicide asa risk factor for PTSD among surviving family members[J]. *Behavior Modification*, 1991,15:454-549.

4 Bowlby J. Processes of mourning[J]. *International Journal of Psychoanalysis*, 1961,42: 317-339.

5 Redmond L M. *Surviving: When someone you love was murdered: A professional's guide to group grief therapy for families and friends of murder victims*[M]. Clearwater, FL: Psychological Consultation and Education Services,1989.

6 Parkes C M. Psychiatric problems following bereavement bymurder or manslaughter[J].*British Journal of Psychiatry*, 1993,162:49-54.

7 Boss P G.Ambiguous loss: Working with families of the missing[J].*Family Process*, 2002,41: 14-17.

8 Miller L.犯罪受害人咨询[M].金泰京, 译.首尔:学知社,2015.

9 Miller L.犯罪受害人咨询[M].金泰京, 译.首尔:学知社,2015. ,National Clearinghouse on Family Violence. Guidebook onvicarioustrauma:Recommendedsolutionsforanti-violenceworkers[DB/OL]. 2001[2020-06-27] .http://www.mollydragiewicz.com/VTguidebook.pdf.

10 吴英根.结合犯罪的认定范围及法定刑的设定方案[J].法学论文集,2015,32(3):77-98.

11 Zinzow H M, Rheingold A A, Byczkiewicz M, Saunders B E, Kilpatrick D G. Examining posttraumatic stress symptoms in a national sample of homicide survivors: Prevalence and comparison to other violence victims[J]. *Journal of Traumatic Stress*, 2011,24(6):743-746.

12 抗诉：受害者因不服判决提出上诉。在刑事案件中，受害者可决定是否抗诉。当受害者有抗诉需求时，可向公审检察官提出诉求。

13 郑露思,金泰京.儿童期性暴力受害人不揭发原因：当时选择不揭露将秘密深埋在心里直到成年的女性受害人为主[J].受害人学研究,2017, 24(4):121-151.

14 《小王子》原文中，"驯服"一词为taming，而非grooming。按书中内容，两个都可以解释为"驯服"。

15 Wolf S. A Multi-Factor Model of Deviant Sexuality[J]. *Victimology: An International Journal*,1985,10: 359-374.

16 McAlinden A.Setting 'em up': Personal, Familial and Institutional Grooming in the Sexual Abuse of Children[J]. *Social & Legal Studies* ,2006,15(3):339-362.

17 Craven S.*Deconstructing perspectives of sexual grooming: implications for theory and practice*[M]. Unpublished Thesis. Coventry: Coventry University,2011.

18 Bourke P, Ward T, Rose C. Expertise and sexual offending: a preliminary empirical model[J]. *Journal of interpersonal* violence, 2012,27(12):2391-2414.

19 Leclerc B, Proulx J, Beauregard E.Examining the modus operandi of sexual offenders against children and its practical implications[J]. *Aggression and Violent Behavior*, 2009,14(1): 5-12.

20 Pollack D,Maclver A.Understanding sexual grooming in child abuse cases[J].*ABA Child Law Practice*, 2015,34(11):165-168.

21 Bennett S E, Hughes H M, Luke D A.Heteogeneity in patterns of child sexual abuse, family functioning, and long-term adjustment[J]. *Journal of Interpersonal Violence*, 2000,15(2):134-157.

22 Whittle H, Hamilton-Giachritsis C, Beech A, Collings G. A review of online grooming: characteristics and concerns[J]. *Aggression and Violent Behavior*, 2013,18:62-70.

23 Courtois C A.Treating the Sexual Concerns of Adult Incest Survivors and Their Partners[J]. *Journal of Aggression*, Maltreatment & Trauma, 1997, 1:287-304.

24 Otto-Rosario J.Consequences and treatment of child sexual abuse[J].*ESSAI*, 2011,9(31):104-108.

25 Mori C, Cooke J E, Temple J R, Ly A, Lu Y, Anderson N, Madigan S. The prevalence of sexting behaviors among emerging adults: A meta-analysis[J]. *Archives of Sexual Behavior*, 2020,49:1103-1119, Henry N, Powell A,Flynn,A.Not just revenge pornography: Australians'experiences of image-based abuse[J]. A summary report. RMIT University,2017.

26 Huber A R. *Women, image based sexual abuse and the purtuit of justice.* A thesis submitted in partial fulfilment of the requirements of Liverpool John Moores University for the degree of Ph.D,2020.,Mandau M B H."Snaps","screenshots", and self-blame: A qualitative study of image-based sexual abuse victimization among adolescent Danish girls[J]. Journal of Children and Media, 2020:1-17.

27 金京玉.关于纵火罪犯criminal profiling适应可能性的考察[J].韩国火灾调查学会论文杂志,2008, 11(1): 23-30,Faith N. Blaze:The Forensics of Fire[M]. New York: St. Martin's Press,1999.

28 韩 国 法 务 研 修 院.2019犯 罪 白 皮 书[EB/OL]. 2020.https://www.ioj.go.kr/homepage/information/DataAction.do?method=list&pblMatlDivCd=01&top=4&sub=1

第二章　总以为别人的痛我都懂

1 Miller L.犯罪受害人咨询[M].金泰京，译.首尔：学知社,2015.

2 Miller L.犯罪受害人咨询[M].金泰京，译.首尔：学知社,2015.

3 洪盛秀.法之理由[M], arte出版社,2019:19

4 尹秀晶,金泰硕,蔡正浩.关于压力的大脑科学诠释[J].家庭医学会刊,2005,26:439-450.

5 郑灿英,金泰京,朴尚熙.关于自爆性暴力遭遇女性的认识：主体性与判断者性别之效果[J].韩国心理学会刊：文化及社会问题,2020, 26(3):167-194.

6 金善姬.性犯罪审判中是否存在所谓的"受害者应有的样子"：对狭义的像个受害者这一观点的批评论述[J]. 女性学论文集,2019, 36(1): 3-25.

7 崔成浩.什么是受害者应有的样子:关于性犯罪审判的哲学家的省察[M].首尔：philosophik,2019.

8 金善姬.性犯罪审判中是否存在所谓的"像个受害者应有的样子"：对狭义的像个受害者这一观点的批评论述[J]. 女性学论文集,2019, 36(1): 3-25.

9 卢圣虎,权昌国,金妍姝,朴宗圣.受害人学[M]：第2版.首尔：green出版社,2018.

10 Kessler R C, Sonnega A, Bromet E,Hughes M,Nelson C B.Posttraumatic stress disorder in the National Comobidity Survey[J]. *Archives of General Psychiatry*,1995, 52(12):1048-1060.

11 Courtiois T A. Complex trauma, complex reaction: Assessment and treatment[J].*Psychotherapy: Theory, Research, Practice, Training*,2004, 41(4):412-425.

12 Neimeyer R A.Complicated grief and the reconstruction of meaning: Conceptual and empirical contributions to a cognitive-constructivist model[J]. *Clinical Psychology: Science and Practice*, 2006,13(2):141-145.

13 Bloom P. Against empathy : The Case for Rational Compassion[M].2016.

14 金光日.家庭暴力:精神医学侧面[J]. *Journal of Korean Neuropsychiatric Association*, 2003, 42(1):5-13.

15 Ellis A, MacLaren C. 合理情绪行为治疗 [M]. 徐秀均,金允熙, 译. 首尔:学知社, 2007.

16 Brewin C R,Daglesish T,Joseph S. A Dual Representation Theory of Posttraumatic Stress Disorder[J]. *Psychological Review*, 1996,17:670-686.

17 刘政.心理阴影信息处理:脑生理学依据与心理阴影叙述[J].人类·环境·未来, 2015,14: 29-65.

18 Baumeister R F, Vohs K D. Thousand Oaks: Sage Publication[J].*Encyclopedia of social psychology*,2007.

19 Theodore M, Simonsen E, Davis R D, Birket-Smith M.*Psychopathy: antisocial, criminal, and violent behavior*[M]. New York: Guilford Press,2002.

20 委托: 委托人（比如罪犯）将钱、有价证券及其他物品交付于法院供托部门，由受托人（比如受害者）提出提取申请领取财产，从而实现供托依据法令所规定的权益。作为受托人，受害者未提出供托金领取申请时，委托人可撤回财产交付。在时效到期前未达成申请或回收事宜时，国库拥有其归属权。

21 Festinger L. 认知失调理论 [M].金昌大, 译. 坡州 : nanam 出版社,2016.

22 Pipe M E, Lamb M E, Orbach Y, Cederborg A C. *Child Sexual Abuse : Disclosure, Delay, and Denial*[M]. New York: London Psychology Press,2007.

23 London K, Bruck M, Ceci S J, Shuman D W.Disclosure of childsexual abuse: What does the research tell us about the ways thatchildren tell? [J].*Psychology, Public, Policy, and Law*, 2005,11:194-226.

24 Summit R C.Abuse of the Child Sexual Abuse Accommodation Syndrome[J]. *Journal of Child Sexual Abuse*, 1983,1(4): 153-164.

25 Featherstone B, Evans H.Children experiencing maltreatment: who do they turn to?[M]London: NSPCC, 2004.

26 郑露思,金泰京.儿童性暴力受害人不揭发原因:当时选择不揭露将秘密深埋在心里直到成年的女性受害人为主[J].受害人学研究,2017, 24(4): 121-151.

27 电影中指"回忆过往场景"。在心理学上，闪回指的是当受害者在现实中暴露于与创伤事件相关的场景时，他们完全与当前现实隔绝，陷入案发时的回忆中，并出现正在经历案件的体验感的现象，是创伤后应激障碍症状之一。

28 Kolk B. 身体记得: 阴影留下的痕迹 [M].诸孝英, 译. 首尔:乙酉文化社,2020:136.

第三章　小小的尊重与关怀　大大的力量与改变

1 尹贤硕.关于刑事司法程序中受害人信息提供的研究[J].比较刑事法研究, 2012,14(1):295-314.

2 张胜日.关于刑事司法程序中犯罪受害人权力保护的研究[J].法学研究, 2010, 37:218-235.

3 为保护受害者免受伤害，韩国制定了《犯罪受害者救助法》《刑事诉讼法》《诉讼促进等相关特殊法》《法律救助法》等法律。为了给受害人提供有效的国家保护、构建援助体系、促进民间活动、推行全面方法，2005年12月23日，韩国制定了《犯罪被害人保护法》。

4 金泰京.关于搜查机关及初期应对人员的重案受害人心理援助指南[J].法务部研究服务报告书,2017.

5 金泰京.关于搜查机关及初期应对人员的重案受害人心理援助指南[J].法务部研究服务报告书,2017.

6 抗诉: 嫌疑犯对检察官的判决不服, 向上级检察机关提出上诉。

7 重新审理: 作为国家机关, 当检察机关不受理起诉或揭发案件时, 如起诉人或揭发者对此存有异议, 可向法院重新查问该决定是否具有合理性。

8 自诉案件受害者可提出宪法上诉, 请求取消起诉。

9 许美丹.青瓦台请愿之"遗属滞后获悉母亲遇害消息后, 对警方愤怒不已""严惩案发现场背着手消极办案的警察"[J/OL].亚洲经济,(2021-02-23.)

10 金泰京,尹庆熙.关于重案受害人经历的调查程序的案例研究[J].受害者学研究, 2017, 24(3):5-40.

11 可在"我的案件搜索"中搜索, 前提是必须知道案件编号、被告全名中至少2个字以上。

12 侧重点在于向用户提供法庭成员组成、相关人员称呼及职能、相关术语、公审过程、证人审讯目的、证词、当日需准备的事项等的相应说明和信息服务, 不得涉及指导或培训。在英国等国家, 还包括提前到访法庭、查看证人室、审问过程模拟等内容。可到访犯罪受害者专门心理咨询机构——微笑中心, 接受相应服务。

13 《刑事诉讼法》第294条第2项(受害人陈述权)中规定, 当受害人或其法庭代理人提出申请时, 法院应将受害人作为证人进行讯问。

14 区别于刑事司法程序范畴。对于法庭秩序扰乱者、不履行义务者等, 法院按审判长命令, 指示司法警察、看守员、法院警卫或法院事务官将其关押在监狱、看守所、派出所拘留所等机构, 进行30天以下人身拘留处罚。

15 当刑事案件的受害人或第三方以证人身份出庭时, 证人援助官提前约见证人并陪同至证人援助室, 在证人援助室, 针对刑事司法程序和证人审问宗旨等做出详尽说明, 并辅助证人在心理稳定的状态下出席作证的一种证人援助官制度。为确保性暴力案件受害人(女性、儿童、青少年、残障人)在出席相关犯罪或虐童案审判现场时, 他们能在身心安全和情绪稳定状态下提供证词, 韩国制定了特别证人援助制度。普通证人援助制度指在除上述特殊证人援助对象之外的案件审理中, 当证人提出人身保护(避免被告接近等)申请时, 相关部门应给予相应援助的制度。

16 Quas J A, Goodman G S, Ghetti S et al. Childhood sexual assault victims: Long-term outcomes after testifying in criminal court[J]. *Monographs of the Society for Research in Child Development*, 2005,70(2):1-145.

17 金泰京.关于重案犯罪受害人庭上证词经历的研究:围绕受害人及工作人员的报告[J].受害人研究, 2020,28(1), :1—28.

18 Dijk J A, Schoutrop M J,Spinhoven P.Testimony therapy: treatment method for traumatized victims of organized violence[J].*American Journal of Psychotherapy*, 2003,57(3):361-373.

19 Zehr H.为实现恢复性司法的司法理念与实践[M].赵均硕, 金圣敦, 韩英仙, 等译.江原:KAP,2015.

20 金慧敬.从共同体视角研究转换型司法[J].受害者学研究, 2020, 28(2):45-78., Zehr H.为实现恢复性司法的司法理念与实践[M].赵均硕, 金圣敦, 韩英仙, 等译.江原:KAP,2015.

第四章　宽恕不能结束一切

1 Bremner J D.Traumatic stress and the brain[J]. *Dialogues in Clinical Neuroscience*, 2006,8(4): 445-461.

2   美国精神医学会.精神疾病诊断及统计汇编[M]：第5版(DSM-5).权俊秀，等译.首尔:学知社,2015.

3   Miller L.犯罪受害人咨询[M].金泰京，译.首尔:学知社,2015.

4   Kolk B.身体记得：阴影留下的痕迹[M].诸孝英，译.首尔:乙酉文化社,2020:136.

5   Teicher M H, Andersen S L, Polcari A et al. The neurobiological consequences of early stress and childhood maltreatment[J].*Neuroscience & Biobehavioral Review*,2003, 27(1):3-44.

6   Child Welfare Information Gateway, 2015.,Wilson K R,Hansen D J,Li M. The traumatic stress response in child maltreatment and resultant neuropsychological effects[J]. *Aggression and Violent Behavior*, 2011,16(2):87-97.

7   李明镇,赵珠妍,崔文景.父母虐童对青少年问题行为的影响[J].社会研究,2007, 14(2): 9-42.,Courtiois T A.Complex trauma,complex reaction:Assessment and treatment[J].*Psychotherapy: Theory,Research,Practice,Training,* 2004,41(4):412-425.

8   Yehuda R, Halligan S L, Bierera L M. Cortisol levels in adultoffspring of Holocaust survivors: relation to PTSD symptom severity in the parent and child[J]. *Psychoneuroendocrinology*, 2002,27:171-180.

9   Charney D S, Deutch A Y, Krystal J H et al.Psychobiologic mechanisms of posttraumatic stress disorder[J]. *Archives of General Psychiatry*, 1993,50(4): 294-305.

10 Prevention Institute.*Violence and chronic illness*. Urban Networks to Increase Thriving Youth[DB/OL]. [2021-05-09].www.preventioninstitute.org/sites/default/files/publications/Fact%20 Sheet%20Links%20Between%20Violence%20and%20Mental%20 Health.pdf. ,Santaularia J, Johnson M, Hart L et al, B.Relationships between sexual violence and chronic disease: a cross-sectional study[J]. BMC *Public Health*,2014,14:2-7.,Springer K W, Sheridan J, Kuo D et al. Long-term physical and mental health consequences of childhood physical abuse: Results from a large population-based sample of men and women[J]. *Child Abuse & Neglect*, 2007,31(5):517-530.

11 黄秀英."大邱地铁惨案10周年（中集）"深受后遗症煎熬的伤者们[N]. 每日新闻,2013-02-15.

12 金泰京,尹盛宇,李荣恩,李赛纶.关于重案受害者外伤带来的压力症状及预测因素的探索研究[J].受害人学研究, 2018,26(1):19-45.

13 Wester K L, Trepal H C.关于非自杀式自残：行为、症状及诊断的健康观点、诊断及介入[M].咸敬爱,李贤宇，译.首尔:学知社, 2020.

14 McCann I L, Pearlman L A.Vicarious traumatization: A framework the psychological effects of working with victims[J]. *Journal of Traumatic Stress*, 1990, 3(1):131-149.

15 Miller L.犯罪受害人咨询[M].金泰京，译.首尔:学知社,2015.

16 Lerner M J,Miller D T. Just world research and the attribution process: Looking back and ahead[J]. *Psychological Bulletin*,1978,85(5): 1030-1051.

17 金泰京.关于杀人受害者遗属的经历及韩国式心理援助方案摸索的提议 [J].受害人学研究, 2015, 23(2):33-65.

18 Figley C R.Compassion fatigue: Coping with secondary traumatic stress disorder in those who treat the traumatized[M]. NY: Brunner/Routledge,1995.

19 金泰京,尹盛宇,李荣恩,等.关于重案受害者外伤带来的压力症状及预测因素的探索研究[J].受害人学研究, 2018, 26(1): 19-45.

20 Gooseen L.Secondary trauma and compassion fatigue: A guide to support managers and practitioners[M]. London: Community inform,2020. https://www.communitycare.co.uk/2020/12/03/recognise-manage-secondary-trauma-pandemic.

21 柳庆熙,金泰京.关于警官替代性创伤的研究[J].警察学研究, 2017, 17(3):59-86.; Hyman O. Perceived social support and secondary traumatic stress symptoms in emergency responders[J]. *Journal of Traumatic Stress*, 2004,17(2):49-156.

22 Figley C R.Compassion fatigue: Psychotherapists' chronic lack of self care[J]. *JCLP in Session: Psychotherapy in Practice*, 2002,58:1433-1441.

23 Shah S A. Mental Health Emergencies and Post-Traumatic Stress Disorder.In G.B. Kapur & J.P. Smith (Eds). *Emergency Public Health: Preparedness and Response*[M], Boston: Jones and Bartlett Publishers,2010:493-516.

24 McCann I L, Pearlman L A. Vicarious traumatization: A framework the psychological effects of working with victims[J]. *Journal of Traumatic Stress*,1990, 3(1):131-149.

25 Kadambi M A, Truscott D.Vicarious trauma among counsellors working with sexual violence, cancer, and general practice[J]. *Canadian Journal of Counselling*, 2004, 38(4):260-276.

26 Janofif-Bulman R. *Shattered assumption: Towards a new psychology of trauma*. New York: Free Press,1992.

27 Bober T, Regehr C, Zhou Y. Development of the coping strategies in ventory for trauma counselors[J]. *Journal of Loss and Trauma*, 2006,11(1): 71-83.

28 朴京莱,金洙东,崔盛乐,等.关于犯罪及刑事政策的经济学分析(II): 犯罪的社会费用推算(总报告书)[M]. 首尔:韩国刑事政策研究院,2011.

29 柳尚植.犯罪引发的社会费用158条,再犯率减少1% 时,可节约903亿韩元[N].井邑今日,2017- 07-17.

30 李尚镇.扩招公务人力, 确保社会安全网[N].韩国政策简报,2017-07-18.

31 李载烈.社会品质、竞争、幸福[J].亚洲评论, 2015, 4(2):3-29.

32 圣虎,权昌国,金妍姝,等.受害人学[M]: 第2版. 首尔: green出版社,2018.

第五章　还值得活下去的信念

1 李康锋.开启阴影治疗时代:清除痛苦阴影记忆白鼠实验已成功[N].科学时报, 2017-03-06.

2　Tedeschi R G,Calhoun L G.Posttraumatic growth: Conceptual foundation and empirical evidence[J]. *Psychological Inquiry*, 2004,15:1-18.

3　Sylaska K M, Edwards K M. Disclosure of intimate partner violence to informal social support network members: A review of the literature[J]. Trauma Violence Abuse,2014,15(1):3-21.,Yap M B, Devilly G J.The role of perceived social support in crime victimization[J]. Clinical Psychology Review, 2004, 24(1):1-14.,Kaniasty K,Norris F H. Social support and victims of crime: matching event, support, and outcome[J]. *American Journal of Community Psychology*, 1992,20(2):211-241.

4　陈教勋,尹英敦.关于荣格心理学人类学含义的研究[D].首尔: 首尔大学师范大学,2003, 66:73-104.

5　Murray R B, Zenter J B. *Nursing Concepts for Health Promotion*[M]. London:Prentice Hall,1989.

6　金泰京.关于重案犯罪受害人庭上证词经历的研究:围绕受害人及工作人员的报告 [J].受害人学研究, 2020,28(1):1—28.

7　微笑中心官方网址：www.resmile.or.kr/ , 首尔东部微笑中心联系电话: 02-472-1295.

第六章　理解伤痕累累的孩子

1　Speece M W. Children's Concepts of Death[J]. *Michigan Family Review*, 1995,1: 57-69.,Nagy M.The child's theories concerning death[J]. *Journal of Genetic Psychology*, 1948,73: 3-27.

2　Corey G.心理咨询治疗理论与实际[M].千盛文,权善重,金仁奎, 等译.首尔: Cengage Learning,2017.

3　Deurzen E V, Adams M. Skills in Existential Counselling & Psychotherapy[M]. NY: Sage, 2011.

4　金泰京,元慧旭,申镇熙.加强家庭法院对虐童受害儿童的保护职能之儿童福利法修改方向[J].大法院研究服务报告书,2018.

5　Casey E A, Norius P S.Trauma exposure and sexual revictimization risk[J]. *Violence Against Women*,2011,15:505-530.

6　金平和,尹贤美.虐童对儿童情绪障碍和攻击性的影响[J].韩国儿童福利学, 2013, 41:219-239., Lansford J E, Miller-Johnson S, Berlin L J et al. Early physical abuse and later violent delinquency: a prospective longitudinal study[J]. *Child Maltreatment*, 2007,12(3):233-245.

图书在版编目（CIP）数据

不宽恕的权利 /（韩）金泰京著；李桂花译 . 一上
海：上海三联书店，2023.9
ISBN 978-7-5426-8164-5

Ⅰ.①不… Ⅱ.①金…②李… Ⅲ.①人生哲学－通
俗读物 Ⅳ.① B821-49

中国国家版本馆 CIP 数据核字 (2023) 第 125474 号

용서하지 않을 권리（The Right Not to Forgive）by 김태경（Kim Tae Kyoung, 金泰京）
Copyright © 김태경, 2022
All rights reserved.
Simplified Chinese language is arranged with whalebooks through Eric Yang Agency and
CA-LINK International LLC.

著作权合同登记 图字：09-2023-0576

不宽恕的权利

著　　者 [韩]金泰京
译　　者 李桂花
总 策 划 李　娟
策划编辑 王思杰
责任编辑 宋寅悦
营销编辑 都有容
装帧设计 潘振宇
监　　制 姚　军
责任校对 王凌霄

出版发行 上海三联书店
　　　　　（200030）中国上海市漕溪北路331号A座6楼
邮　　箱 sdxsanlian@sina.com
邮购电话 021-22895540
印　　刷 北京盛通印刷股份有限公司

版　　次 2023年9月第1版
印　　次 2023年9月第1次印刷
开　　本 787mm×1092mm　1/32
字　　数 134千字
印　　张 8
书　　号 ISBN 978-7-5426-8164-5/B·856
定　　价 52.00元

敬启读者，如发现本书有印装质量问题，请与印刷厂联系15901363985

人啊，认识你自己！